斟一盏酒

红色的时光之水

在巴黎的忧郁中

与故乡碰杯

法国戏剧作者及作曲者协会主席、曾任第 22 届国际葡萄与葡萄酒电影节评委会主席的法国导演 Jacques Fansten 说："酒农与电影人一样，在作品完成之前，永远无法预知心血是否终将得偿。但无论如何，都需要一种执着甚至顽念，倾付所有，拒绝迎合。"

正是一代代心怀执着与顽念的酒农，他们借自然造化奉出杯中风景，令葡萄酒成为道不尽品不完的话题、令葡萄种植与酿造的历史成为一部真正的人类文明史。在这个世界中探寻良久，所见所闻只是一再证明着：生有涯，而知无涯。

谨愿此书做一叶小舟，献给无涯无尽的葡萄酒世界。

微醺

WINE

时刻

一杯红酒的美好日常

刘佳(Jia) 著

化学工业出版社

·北京·

爱喝红酒的你，真的懂红酒吗？

年份、产地、级别、装瓶者……酒标上花哨的信息该如何快速破译与解读？

香气、酒体、层次、余味……玄妙的品酒术语该如何把握与体会？

斟酒、持杯、晃杯、品饮……如何做才能彰显专业范儿？

在技术之外，红酒的世界里还有什么值得关注与探索？

本书作者旅居法国多年，从葡萄园里的工作人员，到巴黎老佛爷里la Bordeauxthèque的品酒师、"拉菲官网"中文版译者，再到法国国际葡萄与葡萄酒电影节的评委……独特的经历，让她不仅具备深厚的葡萄酒专业知识，更深谙法国风土人情与历史文化。

本书用轻松幽默的语言从选酒、侍酒、品酒、释酒等方面带你畅游法国红酒世界。如果你是红酒初学者，这本书里一定有你迫切需要了解的基础知识；如果你是红酒爱好者或发烧友，这本书能带你深入法国红酒文化，让你看到更多的情怀与风土，体会到那些世世代代用葡萄酒表达生命的人的热情与真心。

图书在版编目（CIP）数据

微醺时刻 一杯红酒的美好日常 / 刘佳（Jia）著. —— 北京：化学工业出版社，2017.5

ISBN 978-7-122-29436-4

Ⅰ.①微… Ⅱ.①刘… Ⅲ.①葡萄酒－法国－问题解答 Ⅳ.①TS262.6-44

中国版本图书馆CIP数据核字（2017）第070887号

责任编辑：王丹娜 李 娜　　　　内文设计：水长流文化

责任校对：边 涛

出版发行：化学工业出版社（北京市东城区青年湖南街13号 邮政编码100011）

印　　装：北京盛通印刷股份有限公司

710mm×1000mm 1/16 印张17¼ 字数300千字 2017年10月北京第1版第1次印刷

购书咨询：010-64518888（传真：010-64519686） 售后服务：010-64518899

网　　址：http://www.cip.com.cn

凡购买本书，如有缺损质量问题，本社销售中心负责调换。

定　　价：69.00元

目 录

CHAPTER Ⅳ | # 释酒 若不了解，亲近何用？

选酒

"高大上"能"装"出来吗?

CHAPTER I

(14d)   Vins au verre

2009 (Dom. Dupont-Fahn)   6€   Hautes Côtes de Beaune
3 (Dom. Dureuil-Janthial)   9€   Beaune 1er Cru 2007

Latour-Giraud)   11€

a chatenière) (H. Lamy)   15€   Givry 1er cru "doj de la Serv

oux 2007 A. Brumont)   9€   Corbières "La RÉSERVE

                                        Avec le fromage: Porto

te Eugénie)   5€   Avec le dessert: Maury, M

Rouges (14cl)   7€
(Chartron)   12 €
ignes (A. Morrot)

...ancru   2009   10€
n. JOB LOT)
5 (Dom. ste Eugénie)   6 €
RESERVA (PASSADOURO)   8 €
RIVESALTES (10cl)   8 €

| 解读包装

在入杯品尝之前，甚至在细读酒标之前，

一款酒的身份，或者说身价，从包装上就可见端倪。

只是，有些端倪更像是手势或密语，来自葡萄酒历史文化的深处。

若用自己的文化语境来解读，有时难免误会重重。

酒瓶颜色：保护色，护隐私

长期受到日光或高瓦数白炽灯泡的灼灼炙烤，葡萄酒会失色、变味，甚至产生一种臭烘烘的特殊气味。

两百多年前，玻璃酒瓶逐渐普及开来，人们发现深棕绿色的酒瓶能很好地减弱光线的影响。所以红酒总是藏在深色瓶中，入杯时才亮出姹紫嫣红。在葡萄酒世界里，颜值的作用越来越不容小觑。穿一袭炫酷黑衣提升档次，也愈发屡见不鲜。

相对于白葡萄酒和桃红葡萄酒，红葡萄酒的"抗晒"能力最强。葡萄皮和葡萄籽中含有的被称作"多酚"的物质，通过红酒酿造过程中的"泡皮"环节而大量溶入酒中，并在酒的生命历程中承担多种功能，其中之一就是保护红酒、抗击氧化。

无色瓶的诱惑

桃红葡萄酒中的多酚含量要少得多，天生就需要更多保护，若遭受长久的光照，则香气尽失，色泽也会变成暗淡的橘黄，如同失去光泽的珍珠。但无色透明瓶却相当常见。除去个别精品，大多数桃红酒从收成年份起算最多三年便应享用。红颜弹指老，又何必关入深色瓶难见天日？

白葡萄酒中多酚含量极少，按理说，不论干型与甜型都应该装入有色玻璃瓶，但实际情况有点复杂：

甜型白葡萄酒往往金光灿烂，对视觉冲击强烈，特别是"贵腐"类型更为甚，使用无色透明瓶盛装，是长达两百年的传统。更何况甜酒消费的金色年代已经过去，比起"隐私权"，它们更需要的是被买回家。赤裸裸地用浅金深黄来诱惑，也在情理之中。

除非陈年到一定时间，干型白葡萄酒很少会那么金灿耀眼，消费市场也基本平稳，待在有色瓶子里，既安全，又稳重，很明智。

"落叶色"是最好的保护衣

可见光的波长在400纳米到760纳米之间，10纳米到400纳米之间的电磁波统称为紫外线。俗称"落叶色"的深棕或深绿颜色的玻璃能阻挡几乎所有的500纳米以下波长的光线，但这并不是说，有了这层保护，就可以任凭太阳晒。别忘记，葡萄酒是受不得热的。

瓶型：看体型，辨身份

法国共有12个（也可以细分到16个）葡萄种植与酿造大区。每个大区里都有干红葡萄酒，而干红的基本瓶型只有4种。所以，"看瓶型识产地"只是相对而言。

瓶型与出生地

4种基本瓶型都各自得名于一个葡萄酒大区：

▲ 能否通过"Noir（黑色）"瓶子将"酒心"参透？

▲ 比起红白两色的葡萄酒，桃红葡萄酒通常装在透明瓶中，以"色相"诱人

▲ 葡萄酒瓶的颜色首先要胜任"保护人"的角色，因此最常见的是棕色与绿色

· 波尔多瓶型
· 勃艮第瓶型
· 普罗旺斯瓶型
· 阿尔萨斯瓶型

它们的差别主要是"肚子"的大小和"肩膀"的平削。

"阿尔萨斯之笛"的双重调门

阿尔萨斯是法国葡萄酒名区之一。莱茵河哺育了沿岸的葡萄园，也让自己的名字成为当地葡萄酒文化中不可分割的一部分。阿尔萨斯瓶型的正式名称其实是"莱茵河瓶型（Vin du Rhin）"。

从底部往上，大约在二分之一的高度，开始细瘦上去，比其他瓶型都显得纤长优雅，因此得名"阿尔萨斯之笛（La Flûte d'Alsace）"。干红的4种基本瓶型中，也只有它受到法律的特殊关照。

瓶型与葡萄酒之间第一次扯上法定关系是在1955年。为了杜绝假酒、保护酒农利益，一条地方性政令出台，规定阿尔萨斯葡萄酒必须使用"阿尔萨斯之笛"瓶型。

必须强调的历史背景是：此时的阿尔萨斯尚未进入法国"法定原产区"体系（简称"AOC体系"），而在当时已经划定的所有葡萄酒法定原产区（简称"AOC"）中，没有任何关于瓶型的法律制约。

在这个曾长期处于政治纷争的地区里，葡萄园屡遭重创，"户籍编制"动荡不安。虽然早在1935年，阿尔萨斯法定原产区的划界问题就已经被正式提上议事日程，但直到1962年，也就是法国"国家法定原产地管理局（INAO）"成立将近30年之后，阿尔萨斯才正式进入AOC体系之中。

▶ 优雅漂亮的"阿尔萨斯之笛"也有多种版本

AOC制度并非一部把所有规矩道理一揽子说尽的综合法律，而像是一套套地方法规。每个法定原产区的划定时间都不尽相同，要想知道每个产区内，葡萄种植和酿造到底受什么限制、外包装上的产地名称到底怎么注明才合法，都得分别查阅相对应的"Cahier des Charges"（本书译为"技术规范"）。截至今天，只有阿尔萨斯的原产区技术规范中单辟一节来规范瓶型，堪称地域特色和传统力量在葡萄酒文明中最"形而下"的体现。

1972年，在阿尔萨斯葡萄酒的生产重镇科尔马（Colmar）地区的4000名酒农的强烈请愿下，法国正式颁布法律，将"阿尔萨斯法定产区"葡萄酒绑定在"阿尔萨斯之笛"中，不可用其他瓶型盛装。

但这一忠实关系却并非双向的。阿尔萨斯葡萄酒必须忠于阿尔萨斯瓶型，但用这一瓶型盛装的法国红酒却未必都产自阿尔萨斯。

根据2009年7月24日发布的欧盟政府公报（Journal Officiel de l'Union Européenne），普罗旺斯丘（Côtes de Provence）和卡西斯（Cassis）这两个法定产区的红葡萄酒也可以——不是"必须"——用"阿尔萨斯之笛"盛装（有另外几个法定产区的白葡萄酒也可使用阿尔萨斯瓶型，本书不作详述）。

普罗旺斯明明有自己的特色瓶型，而卡西斯在马赛以东20公里、"蓝色海岸"之畔，更是与阿尔萨斯天南地北，"长笛"为什么偏对这两个南部产区破例，还真是个谜。

"肩"上分立场

和时尚界的风向一致，瓶子越长、越瘦，就显得越时髦、越精致。同样的容量下，勃艮第瓶型的肚子更粗圆些，而波尔多瓶型"肩膀"明显，身体线条更显端方，文人雅客们倾向于在前者身上嗅到内陆乡村的乡野味儿，而在后者身上看到更多"海派"色彩与时髦劲儿。

最早为法国葡萄酒打开海外市场的是波尔多酒。波尔多酒最早使用的玻璃瓶并非我们熟悉的这种"端肩膀"，却有着细脖子和胖肚子，是由当时波尔多酒的最大

▲ 在文人墨客心中，勃艮第瓶型（中间两支）与波尔多瓶型分别体现了"内陆文化"与"海派精神"

外国客户——英国人——设计的。容易制作，成本也不太高，可是不好摆放，对水路运输来说既不经济也不太保险。运输商开始动脑筋，把"肚子"收起，改为直身板，制作难度和成本高了不少，但运输和管理方便得多。因此，波尔多瓶型也被叫作"港口瓶型"。

直身瓶问世后，人们发现"肩膀"的设计不仅利于摆放和运输，还有个好处：倒酒时可避免酒渣一涌而出。但这个好处也仅是附属性而已——瓶子直立静置几小时或加一道滗酒环节就可消除酒渣带来的尴尬。

勃艮第地处内陆，没有遭遇瓶型对运输或储存带来的严重问题，当然不会主动去改动瓶型。何况，黑皮诺葡萄没那么色深皮厚，酒陈放多年后也不会析出太多的沉淀，也就不会有改换包装的内在需求。更何况，勃艮第酒声名远播，肚子粗圆的

◀ 18世纪的英国人不仅搞出了蒸汽机车，还造出这种结实的玻璃瓶。为装在大木桶中运来的法国葡萄酒找到了妥帖的存储器

瓶型早就"形而上"地在酒客心中扎了根，更不会自讨苦吃地去削骨磨腮。

"弗龙蒂尼昂瓶型"是啥？

在波尔多地区里，人们有时会用"弗龙蒂尼昂瓶型"来指代波尔多瓶型。因为直身瓶的老祖先来自一个叫弗龙蒂尼昂（Frontignan）的地方。

朗格多克大区内的弗龙蒂尼昂地区出产一种用白葡萄"麝香（Muscat）"酿造的"天然型甜葡萄酒（vin doux naturel）"，即"弗龙蒂尼昂麝香（Muscat de Frontignan）"，盛装在刻有凹凸的螺旋花纹的透明瓶中。

传说宙斯之子、大力士赫拉克勒斯迷上了这种甜若蜜糖的美酒，把整瓶喝光还不算，非得把最后一滴也要挤干净，所以用巨手把瓶子绞拧成这般模样。当然，这个传说十有八九是酒农们自己编造出来的。弗龙蒂尼昂麝香的历史要追溯到17世

▲ 透明瓶中的金色甘露，让人想不开心都难

纪，比瓶子的年龄可老得多。

1912年，马赛的一名玻璃工匠设计出一种瓶身上有凸凹螺旋花纹的直身瓶，为了便于贴标，还在瓶身上留出了一块平整的地方。在当时的工艺水平下，这可是件很出名的事。没过多久，弗龙蒂尼昂的酒农合作社就开始把它当作特色瓶型，而且成功地让它留在了历史习俗中。1936年，弗龙蒂尼昂麝香成为法定产区之时，这种透明螺旋花纹瓶取得了专属保护。

螺旋花纹瓶问世不久，波尔多著名的滴金庄（Château d'Yquem）庄主便请这位马赛工匠来给自家设计瓶型。很快，直身瓶型便在波尔多普及开来，而用透明玻璃瓶来盛装甜型白葡萄酒也在不同的地区里流传起来，并形成习俗延续至今。

▲ "弗龙蒂尼昂麝香"的螺旋花纹瓶

"细腰美人"有专宠

民俗服饰是文化的沉淀，酒瓶形状也盛装着各个酒区的历史风情。

普罗旺斯的浓郁民风不仅体现在薰衣草、大蒜和橄榄树上，就连特色酒瓶都分成两大类。其中之一是"普罗旺斯瓶型（Côte de Provence）"，也是上文提到的4种基本瓶型之一。

另一种的瓶身中部细瘦一些，唤作"穿腰封的笛子（Flûte à corset）"，又叫"细腰美人"，其曲线秀美玲珑。当地有个不成文规定："细腰美人"只供"酒庄酒"使用，酒商的"贴牌酒"不得染指。

普罗旺斯瓶型美则美矣，但民俗味道太浓，不仅其他酒区很少拿来扮靓，就是当地干红也越来越多地使用波尔多瓶型，因为显得更时髦。缺少法律对瓶型的强制，民俗在"国际化"面前难免式微。

▲ 对于普罗旺斯丘法定产区（AOC Côtes de Provence）的葡萄酒来说，无论是"酒庄酒"还是"酒商酒"，都可以使用这种"普罗旺斯瓶型"

▲ 为了显得更时髦，普罗旺斯丘的红酒多采用波尔多瓶型，而桃红葡萄酒和白葡萄酒多用"细腰美人瓶"扮靓

瓶型与酒质

有种说法是"使用波尔多瓶型的酒都浓郁耐存"。其实，瓶型跟产地之间没有专属，与葡萄品种、酒的风格更不会有单一的对应。

在法国地图上，从北至南画一条线，上起勃艮第，下抵隆河南，中间经过薄若莱，

▲ 普罗旺斯的某家名庄自己设计的"细腰美人瓶"与标准样式有所不同

▼ 在勃艮第和波尔多，勃艮第瓶型与波尔多瓶型的确是"老死不相往来"的。但在其他酒区里，人们更喜欢混搭。从隆河南部开始，左右各画一撇，左到朗格多克鲁西荣，右到地中海上的科西嘉，"溜肩"与"端肩"难分伯仲

几个酒区里的不同葡萄品种加起来超过两位数，却都用着一水儿的勃艮第瓶型；从隆河南部开始，左右各画一撇，左到朗格多克鲁西荣，右到地中海上的科西嘉，"溜肩"与"端肩"就变得难分伯仲。

在法律缺席的情况下，一款酒用什么瓶型，要综合考虑传统与市场的流行风向，和酒质浓淡并无直接联系。勃艮第瓶型里绝不乏色深味重的浓酒，波尔多瓶型里也未免不能轻柔明快。

"小屁屁"里问题多

英文里，酒瓶底儿有好几个叫法，即"punt""kick-up"或"push-up"。法语里，它的俗称就直接叫作cul（直译过来是"屁股"）。

▲ 大拇指顶住"cul"，其余手指握紧瓶身，已经成了"专业侍酒姿势"之一

这个凹陷令瓶身更结实且利于叠放，但它的深浅和酒质有关系吗？

刚刚酿好的红酒并不澄清透明。里面有悬浮物，也有更粗大的渣滓。密度低的悬浮物最讨厌，既难看，还会慢慢在酒里产生怪味道。很多年前，人们就已经摸索出"凝结"技术，专门对付它们。颗粒较为粗大的渣滓并不危险，不少酒庄倒愿意留着它们去加强酒的风味。还有些物质溶解在酒中，数年后才慢慢析为沉淀。顶级红酒在进入适饮期前都需要陈放多年，酒渣往往也相应增多。瓶底的凹陷能帮助收集渣滓，倒酒时再小心点，它们就不会流到杯子里败兴。

葡萄品种各有资质，较量综合能力才最有意义。若在同年龄的红酒之间比拼酒渣，黑皮诺就要输得一塌糊涂，赤霞珠怕是也要在马尔贝克或西拉子面前称臣。

▲ 酒瓶回收后制成的"winepunt"水杯

酒渣是葡萄品种、工艺特色、储存条件等多种要素的综合"沉淀"。因此，即使是产自同一村、同一地头、同一葡萄品种的红酒，也不能靠酒渣大战论英雄。有些新兴市场里，消费者甚至会把酒渣当作质量缺陷，

而认为酒要澄清才是上品。生产者为避免麻烦或投其所好，索性加一道过滤或轻度过滤的工序再装瓶。这样一来，瓶底的"小屁屁"无论是深还是浅，一辈子恐怕都用不着干接酒渣的活儿。

罐底尖尖是为啥？

千年前的葡萄酒远不及今天浓郁，沉淀物却不少。尖底酒罐虽然只能插进沙堆里或吊起来，却能把酒渣都收留在尖尖的底部，抬起来运输晃啊晃，也不会搅得满罐子都是，真是妙。喝的时候，图坦卡蒙（Tutankhamun）时代的叙利亚人早就想出了办法：用吸管！

而把朝下的锥形倒过来，古老的尖底酒罐就一下子变成了现代的酒瓶——逆向思维看来早就被证明是重要的思考能力！

◀图坦卡蒙时代的叙利亚人用吸管喝葡萄酒。据说瓶上也要写明年份、葡萄园和葡萄酒商的名字，还要标明酒的质量（图片来自Cyril Aldred, *Tutankhamun's Egypt. Charles Scribner's Sons*, New York, 1972, p.60.）

体重与时尚

一瓶750毫升的红酒，重量可能是1200克至2000克之间的某个值，因为空瓶本身分量相差悬殊。最便宜的瓶子身量单薄，约重400克，而"豪华版"的空瓶能达到1000克。

300多年前，英国人首先成功制作出厚重结实的玻璃酒瓶，由于工艺成分的缘故，这些瓶子是黑色的。有趣的是，黑色重型瓶也被现代人看成是上等酒的包装标志。高大结实有质感，光线的屏蔽性极强，装箱运输时磕碰一下也无大碍，从这些方面看，黑色重型瓶做高端红酒的"保护人"的确响当当。但是，在环保意识强烈的当代社会，人们关心制作和运输过程中的碳排放，如果空瓶比酒都沉，倒会招来白眼。

有些制瓶厂特意设计出轻型瓶，颇有一代新宠的气质。若单掂分量，怕是要被归到大路货里的底层，但实则身轻体健抗击打，工艺技术含量高，造型也颇具时尚感，只是成本不低，日常小酒是享用不起它们的。

花饰与造型：凹造型，有讲究

在酒瓶脖子上浮雕出一个特色标志，身份识别度顿时增高。玩得更专业的，干脆自己设计瓶子。

▲ 传统的瓶底凹陷被结合力学与美学的别致造型所取代

"协会瓶"

各个葡萄酒大区里都有各种大大小小的行业协会，有些协会很乐于为"会员酒庄"们设计"协会瓶"，集体推广、一荣俱荣。

有些葡萄酒大区身处历史文化的遗物堆里，淘宝最容易不过，比如卢瓦河谷和隆河谷，前者是"法兰西后花园"，后者有教皇避难的行宫。卢瓦河流经的安茹（Anjou）产区用王室家族纹章上的百合花装饰瓶颈，阿维农小城附近的教皇新堡产区（Châteauneuf-du-Pape AOC）把"圣彼得"的两把钥匙刻上浮雕，历史风情扑面而来。瓦克拉斯（Vacqueyras）原本只是隆河谷村庄法定产区（Côtes du Rhône Villages）中的一块"Cru"，到了1990年才独立成为AOC。1992年，当地的酒农工会就推出了同样刻有钥匙的"徽章瓶"来携手推广。

▲ 瓦克拉斯成为法定原产区之后，酒农工会推出了"徽章瓶"

科西嘉岛上的帕特利莫尼欧产区（Patrimonio AOC）风景迷人，古董也不少，酒庄们却并不愿去淘旧货。2014年，该产区也推出了"协会瓶"，但没有徽章没有花，只是把产区名字本身做出设计感，现代简洁，据说在货架上的识别度也不错。

▲ 科西嘉岛上的"协会瓶"风格简洁

▲ 隆河谷葡萄酒大区与勃艮第葡萄酒大区南北相接，一脉相承地使用着勃艮第瓶型。隆河谷是法定原产区的摇篮，从葡萄种植面积上来看，又仅次于波尔多。如此重要的法国葡萄酒重镇，却无法在酒瓶造型上搞突破，功夫都下在了细节上面。Gigondas、Sablet、Séguret、Lirac……隆河酒区里面的一干远亲近邻，各自都有"徽章瓶"

　　"协会瓶"都能申请设计专利保护，但推广方面并无法律强制。如果酒庄不愿与行业协会的其他成员联合推广，而自有宣传谋略，更愿意单兵作战，照样可以说"No"。"浮雕造型法"并非行业协会独占，酒庄、制瓶厂都可自行设计。瓶颈上的这个纹饰，是识别标志还是防伪符号，是质量证明还是装饰艺术，各项功用各占几分，若不了解背后的来龙去脉，很难一眼看得明白。

百合花的"活力宣言"

　　1911年，曼恩－卢瓦河谷地区的酒农联合会发起了一场酒瓶设计大赛。设计要求很严格，不仅模样得跟别的地区有区别，还得结实、禁得起磕碰，还要考虑到叠放与存取的安全和便捷。可组委会忘了一件事，那就是玻璃瓶的制造在当时还属于"高科技"，将设计从图纸变成烧制成的样品，着实没那么简单，比赛以流产告终。

　　十几年之后，安茹的一家制瓶厂推出了一款设计并交给专家检验，结果大受称赞。基本式样属于勃艮第瓶型，但细节令其气质独特，媒体称它"秀美、优雅、低调，就像安茹的年轻女子那样"。它有着被称为"落叶"的颜色，这种颜色已被公认为能很好地保护葡萄酒，但在当时还非常少见，让其他制瓶厂艳羡不已。

　　1925年，制瓶厂为这个"容量75厘升、净重800克、高度315毫米……瓶颈上的浮雕为月桂枝围绕的王冠和三朵百合，上方刻有Anjou字眼"的瓶子递交了设计专利申请，保护期限25年。1926年1月的酒展上，"百合花酒瓶"不仅成了明星，甚至成了"活力宣言"。

LA
Bouteille
A
Vin d'Anjou

*Modèle déposé
officiellement adopté*

CRÉATION DES

Verreries Mécaniques de l'Anjou

donne à vos vins une garantie d'origine
et ajoute l'élégance de la présentation

◀ 海报上就是90年前递交专利的安茹瓶型。如今，当地的葡萄酒依然使用这样的瓶型，旧颜不改。海报下方写着：安茹机械制瓶厂给您的葡萄酒以产地保证，让您更优雅

▲ 20世纪20年代左右印制的明信片。明信片上是安茹地区的一家制瓶厂——连制瓶厂都上了明信片，足可见玻璃瓶在当时还属于新鲜玩意儿

当时安茹地区有位葡萄酒界的名人，他对新酒瓶极为欣赏，甚至在一次名流云集的宴会上公开赞颂："安茹地区的人总被认为萎靡懒散、行动缓慢，那只是因为他们需要先思考再作出行动的决定，这是富于智慧的表现。表面也许懒散，内里却富于观察力，他们努力让安茹葡萄酒跻身于法国名区之列，这个瓶子就是鲜活的证据，别的地区难道不会学学吗？"

"教皇"的身份疑团

法国葡萄酒文化复杂精深，利益对局自然如影随形。协会组织多如牛毛，不同级别、规模的行业协会、工会组织，甚至是葡萄酒农之间的松散团体，无不是为了保护、对抗、联盟……加入不加入，加入哪个，都是各家酒庄的自由选择。明白了这一点，才会明白为什么连"教皇新堡"这样的老牌产区也会成为货架上的身份疑点。

成立于1924年的"教皇新堡酒农工会（Syndicat des vignerons de Châteauneuf-du-Pape）"的创始人兼主席也是法国法定原产区制度的"总设计师"之一，其位高权重不言自明。1935年，"教皇新堡"被正式划定为法国首个"法定原产区"，葡萄酒的新时代拉开序幕。在男爵的授意下，崭新的"工会酒瓶"很快推出，瓶身上刻有教皇钥匙，古风盎然，既体现了传统又象征了品质，凝结了酒农们的期冀，一切似乎都完美得可以地老天荒，但不祥的阴云其实早在那里……

圣经故事中，基督将两把钥匙交给十二使徒之一的圣彼得（St. Peter）掌管，金的那把可以开启天堂大门，银的那把可以开启凡间的大门。冥冥中，已经暗示了事端将现。

1960年，一个新工会组织成立，全名叫作Syndicat Intercommunal de Défense Viticole de l'Appellation d'Origine Contrlée Châteauneuf-du-Pape。请注意，这个长长的名字里并没有"vigneron（酒农）"这个字眼。换句话说，这是个酒农和酒商都能加入的组织。利益集团之间的斗争从此时就埋下了伏笔。

1963年，"教皇新堡葡萄酒制造商联盟工会（Fédération des Syndicats de Producteurs de Châteauneuf-du-Pape）"成立，而且把男爵的"酒农工会"以及

另外两个协会都"联盟"了进去。从此时开始，"工会瓶"的使用规矩开始变复杂：首先得入会，而且每年的酒酿好后得先通过联盟工会委员们的品尝和评议，达到品质水准才能用。在这两个规矩之上还有个先决条件：必须是"酒庄装瓶"，没有"酒商酒"染指的份儿。

随着酒商势力的壮大，瓶子里埋藏的硝烟终于在40年后爆发。2002年，那个有着长长名字的新工会推出了教皇新堡产区历史上的第二款"工会瓶"，命名为"La Mitrale"——"教皇的帽子"，不论是"酒农酒"还是"酒商酒"都可以使用。如果不想加入协会，但又想用这种新瓶子，也没问题，花钱买瓶子就行，只要酒的质量能达到工会自己制定的规章标准。

"酒商酒"和"酒农酒"之间的确存在身份鸿沟，但鸿沟在于葡萄本身的来源。若单就某款酒的质量和口感而言，绝对不是可以根据"出身"评判好坏的。在某些新兴市场里，一瓶酒的户口是"农"还是"商"对消费者而言并没那么重要，但在教皇新堡这种老牌酒区里，是一个严肃的"站队"问题。

▲ 老的有"圣彼得的钥匙"（左图），新的有"教皇的帽子"（右图）。看似是行头风格，实际是利益阵营……

▲ 酒商自己搞出来的徽章瓶

"钥匙瓶"的捍卫者说，酒庄装瓶是教皇新堡的老传统，而"帽子瓶"连酒商都能用，实在不像话！"帽子瓶"说，我们的技术规章比AOC条文更严格。"钥匙瓶"回击，你们是在批评AOC的总管家INAO管理局分不清好酒坏酒吗？硝烟弥漫，以至于2003年的《解放报》（*Le Libéral*）都刊登文章《教皇新堡的战争》。

　　十几年过去，"教皇的帽子"成功地争到了一片江山。根据消费者调查，女性和年轻人明显偏爱新款。如今，教皇新堡产区里三分之一的酒商使用"帽子瓶"，有些酒庄则双瓶并用，反正销路好的瓶子就是好瓶子。还有个别酒商干脆自己单独搞设计……总之，"教皇新堡"的酒瓶花色实在不少。

　　南望一眼科西嘉岛上的Patrimonio，这个产区只有三十几家酒庄。2004年推出"协会瓶"之后，头一年里有9家开始使用，余下的那些家也被行业协会督促换装。就算有几家坚持单兵作战，也不会有多少口水仗，留给消费者的迷局也没那么难解。

"凹造型"

　　没什么人会成箱购买威士忌、白兰地等高度数的烈酒，平时储存也是直立放置，所以它们的瓶型花样百出。而葡萄酒瓶粗看上去的确就那么几种基本款，其实细节、花头绝对不少于其他酒瓶。

◀ J.P Chenet品牌绝对不是法国超市里最贵的酒，但这歪歪斜斜的瓶型实在博人眼球。其设计意图出自老板本人——"醉意朦胧时，往往把直的看成歪的……"

◀ 某制瓶公司推出的新款葡萄酒瓶，名字很酷，叫"剑道"，其实是波尔多瓶型的个性版。看它的样子，估计得给装瓶机找不少麻烦，成本也不是低端葡萄酒商愿意承担的。它的"小屁屁"是平平的，说明瓶底的凹陷跟酒的质量没关系

专业制瓶厂们的瓶型样册简直堪比时装杂志，瓶身高低、轻重、粗细、颜色，还有瓶壁的厚薄、瓶底凹陷的深浅……在基本款里加入细微变化，玩个性、玩细节，又不会给装瓶机和包装箱带来太多麻烦。若是手笔更大些，通常就是在"脖子"和"屁股"上凹造型，从而博眼球，又不会太另类，跟产区的整体风格大体差不多，否则在货架上更容易被孤立。

地下室里的"异形"

右图这个模样的酒瓶子在全法国独一无二。Château de la Gardine酒庄有一次大兴土木、扩建酒窖。工人们在地下酒窖偶然发现一只人工吹制的老瓶子。厚实又粗壮，可古拙中见朴雅，与酒庄的酿酒风格简直契合到家。老板当下便决定，改包装！

接下来的花絮是：老板在法国竟找不到有本事能接活儿的制瓶厂，最后跑到意大利才把模具搞定。

从1964年开始，酒庄才开始使用这种这种瓶型——可做"防伪"细节。

▲ 不仅脖子歪，连身子都不那么直溜儿

容量：大大小小故事多

750毫升容量是葡萄酒的标准瓶，其他容量统称为异型瓶。什么原因呢？

750毫升的"潜殖民"

法国的容量计量单位是升，但为什么葡萄酒的标准装定为0.75升？

有一种流传甚广的说法是：当年玻璃瓶为人工吹制，匠人们一口气吹出去，差不多就是750毫升。这未必不是事实，但作为论据，未免差点分量。

几百年前，波尔多的葡萄酒率先代表法国打开了海外市场，装在大木桶里的酒坐船一路到英国，船的运载能力就按酒桶的个数计算。一个桶900升，到岸后再装瓶。英国的计量单位是加仑。1加仑等于4.5升，1个"双加仑"就是9升。一桶酒装1200瓶，再分100箱包装。1箱12瓶750毫升红酒，正好是一个双加仑。法国葡萄酒瓶的容量标准，就这样迅速被"殖民"了……

"异型"为王

　　异于750毫升装的葡萄酒瓶都统称为"不规则容量"。它并不是外表多么奇形怪状，而是相对于装瓶机器的标准化而言。其他容量的订单通常很小，与其花时间来校准装瓶和贴标机器，还不如手工灌瓶与封装。

　　不同容量的瓶子各有专名，大多又长又难记。即使是同样容量，如果瓶型不同，名字可能也不同。下表中是不同容量的波尔多瓶型与勃艮第瓶型的具体名称，括号中为国内的流行译法。

▲ 372毫升的"半瓶装"、一升半装的"Magnum"，或者个头更大的家伙们，都各自有专名。在不同地区里，它们的名字还不太统一

容量（升）	相当于几个标准瓶	波尔多瓶型	勃艮第瓶型
0.375	1/2	Demibouteille（半瓶）或Fillette（小瓶）	
0.75	1	FrontignanBouteille（瓶）	
1.5	2	Magnum（大瓶）	
2.25	3	Marie-Jeanne（玛丽珍瓶）	不存在
3	4	Double magnum（特大瓶）	Jéroboam（以色列王瓶）
4.5	6	Jéroboam（以色列王瓶）	Réhoboam（罗波安王瓶）
6	8	Impériale（至尊瓶）	Mathusalem（玛土撒拉瓶）
9	12	不存在	Salmanazar（亚述王瓶）
12	16	Balthazar（珍宝王瓶）	
15	20	Nabuchodonosor（尼布甲尼撒王瓶）	
18	24	Melchior（光之王瓶）	Salomon（所罗门王瓶）

这些大个头家伙的名字几乎都来自古代国王或圣经人物的名字。就像外国人对"秦皇汉武""唐宗宋祖"干瞪眼一样，我们要想把它们念准、写对，而且了解每个名字背后的传说故事，实在得下番苦功，倒不如去酒庄参观时现学现卖。

在阿尔萨斯瓶型里，最大的也就是"马格纳姆（Magnum）"而已，个头更大的"国王"们似乎并无存身之地。

酒帽："花花绿绿"藏了啥？

酒帽是喝酒时最先被切割掉的部位。Bye-Bye之前，还是有几句话可说。

封帽不是"密封"帽

酒瓶口有个热塑性塑料，锡、铝或其他材质的封帽，作用是保护下面的瓶塞，而不是靠它来密封住瓶口。

▲ 蜡封的酒瓶不需再外加金属或热塑性塑料等材质的保护封帽

▲ 有种封帽第一眼看上去很像蜡封，实际上是PVC材料的高仿

在封瓶工序中加一点胶，可将封帽与瓶身黏结，但封装的机器未必总是调得尽善尽美，远途运输或储存也可能引起胶层老化。如果封帽固定不牢，用手可以转动，无须惊慌，它与酒本身的质量更无直接关系。

如果是蜡封或金属螺旋盖，就不需要这个封帽了。

税花的花样

封帽可以五颜六色，但顶部贴的那片小圆纸必须守规矩。

仅一个字母最有用

酿出酒来在自家领土上售卖得缴税。买来已经贴好税花的封帽套在酒瓶上就证明已经完税。封帽顶上的小圆纸片就是税花。纸片中间的女人叫玛丽安娜，是法国的象征，在她周围环绕着数字和字母。其中的"外环"上有两组数字，中间有个独立字母。对消费者而言最有意义的信息可能就是这个字母。

这个字母必定是R、E或N这三个字母中的一个，代表了酒是"农业户口"还是"商业户口"。

▲ 酒瓶封帽顶部的圆形标签是缴税证明，并非质量标志。对消费者而言，最有意
　义的信息可能就是外环上的那个字母

· R（Récoltant）说明是"酒庄酒"，是最纯正的"农业户口"。生产者自己种
葡萄、自己酿酒、自己灌装，全部自力更生。

· E（Eleveur）属于"贴牌酒"，有些"半农半商"的味道。酒商参与了"后
期制作"，即从别家买来尚未"完工"的散酒，之后自己进行培养、调配（也可能
不需要这一步）与装瓶，上市时贴自己的牌子。

· N（Négociant）是最纯粹的"贴牌酒"。酒商将已经"完工"的散酒收购来
之后自行灌装（也可能在灌装之前先进行混调，但没有"培养"的环节），或者买
来已经封装好的"光瓶"，之后自己贴牌销售。

其他数字字母不外乎是生产省份代码、净含量、行政审批号、法国海关局字母
缩写等。

2009年欧盟酒类新政实施之前，税花颜色的规定一度非常严格，用绿、蓝、
黄、红、灰等不同颜色来区分不同酒类、不同级别。比如：

· 法定原产区（AOC）和优良产区（VDQS）级别的葡萄酒使用绿色印花；
· 地区级（VDP）葡萄酒和日常餐酒（VDT）类别使用蓝色印花。

近年来有简化趋势，比如可以用酒红色来统一代表"法定原产区级别"和"地
区级别"的葡萄酒。

没有"顶戴"也有花

流通渠道不同，完税标记也会有不同的表现形式，比如酒商在瓶颈处或其他部位打印上 "Capsule Représentative de Droit" 或缩写 "CRD"，就相当于完税印花。因此，不要将这片纸头当成判断真酒假酒的依据。

用于出口的当然不用交这个税，但出口到中国的法国葡萄酒也偶尔顶着带税花的封帽，这是酒庄接到大量出口订单时从内销配额中抽调出的部分。法国海关不喜欢这种情况，这让统计工作变得很复杂。但就算明令禁止不许抽调，总会有少量"花帽"远走海外，不足为怪。

瓶塞：软实力与硬功夫

2015年1月，法国咨询公司IPSOS发布了一项在法国、德国、意大利、西班牙以及美国做的调查报告，问题之一是：如果两瓶完全一样的酒用不同封装，你会买哪瓶？

在6000份问卷中，金属螺旋盖得到了超过半数投票，在法国的支持率也达到了20%多。但法国的情形很奇特。回答问卷的人里面，超过一半都在抱怨遇到"木塞味"，但更多的人依然选择软木塞封装的那瓶！

软木塞的"软实力"

操起酒刀，全桌的目光都投过来。你拔出短刃，一手握瓶，割下封帽，擦净瓶嘴，插入锥尖，旋进螺丝，卡住瓶沿，提起木塞，轻轻地叹息似的一声，木塞全貌毕现，底端一截湿润的红。旋离螺锥，你像模像样地闻闻，交给邻座，大家传来递去，都像模像样地闻闻，读读年份，捏捏弹性，赞叹保存得好，或者惋惜储存不当。这才是斟酒前的表演、开饭前的话题、所谓的餐桌艺术和法式优雅。即使大家正热火朝天地聊天，没人能听到木塞出瓶时刻的"一声叹息"。重要的是那感觉、那做派、那仪式感，而不是金属帽旋离瓶口发出的毫无乐感的"啪啪"声。

自打17世纪的法国神父唐·佩里农（Dom Pierre Perignon）想到用软木来封香槟酒瓶，那些碎羊皮、干草、浸了油的麻布，还有其他种类的木头塞就统统进了历史的垃圾箱。几个世纪以来，消费者都认为软木塞封口是葡萄酒质量信誉的保证，侍酒师都以能够流畅帅气地开瓶侍酒为骄傲——尽管"开瓶"仅仅是这个职业必备的最基本技能而已。

"呼吸机"的传说

　　栓皮栎树皮制成的优质软木塞，轻巧又隔热，轻易不会发生什么化学反应，柔软而富于弹性，用力弯折也不会断，塞入瓶中后自己便回胀密封，各方面性能与葡萄酒的需求一拍即合，所以被誉为"大自然的奇迹"。但围绕软木塞的最神奇传说，还是它的"呼吸机"功能。

▼ 软木来自栓皮栎的树皮

随着玻璃制造的发展以及木桶陈酿技术的完善，可以陈年数载的真正意义上的"高端红酒"于19世纪出现。高端红酒的重要指标之一就是陈年能力。十几年或几十年的瓶陈，种种香气会像玫瑰花般层层叠叠绽放，这是只有时间才能做到的奇迹。

一直以来都有人相信，或至少是出于不同目的而宣称，"瓶装酒在贮存过程中，葡萄酒透过木塞中的微孔，从外界吸收微量氧气从而缓慢成熟"，瓶塞的"透氧率"与葡萄酒陈年之间的关系不仅是多年的研究课题，更为瓶塞厂家不断推陈出新的理由做背书。

但是，瓶中酒真的需要氧气才能成熟吗？

在20世纪80年代初，现代酿酒学之父埃米利·佩诺（Emile Peynaud）早已明确指出：装瓶后的葡萄酒，需要在隔氧的环境下渐渐进化，走向成熟。这句话的核心意义在于：它消弭了在瓶中陈放中的葡萄酒需要"呼吸"的神话，断绝了软木塞厂家把江山世代坐稳的愿景。

只是人世界、酒江湖，各有思虑，纵然以佩诺的权威，也无法一锤定音。现在唯一被公认的结论是：密封性欠缺的软木塞会让瓶中的酒过早老化、失香散味。

衡量未开瓶的老酒的保存状况，外观指标之一就是液面高度。顶级红酒瓶会装配微孔最小、表面最光滑、弹性和柔韧性都最好的木塞。没塞进去之前，能在两端和表面看到细孔，压进去之后，就再难被肉眼分辨出。微孔的真正用处，是为了让木塞在葡萄酒卧

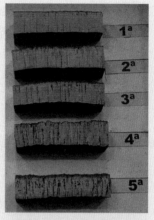

▲ 最上面的木质肌理最细腻紧致——"大自然的奇迹"也有级别高低之分

▲ 纵然是最好的软木塞，又在最适宜的环境下储存，寿命也不过三四十年。这支1955年份的"拉图"由酒庄在1996年更换木塞

▲ 木塞的密封性不可能完全相同。超过10年的酒，即使是同一批装瓶，液面高度也可能有轻微差异

置瓶陈时接触酒液，长久保持膨润，与瓶口保持紧密接触，瓶中酒不会消散过快。但毕竟是天然材质，纵然是同一质量等级的产品，也不存在两个密封性完全一样的木塞。因此一些高档酒还要加一道火漆封，杜绝任何"呼吸"的可能。

与酒液接触时间过长，木塞慢慢变柔弱、微孔变大，失去密封作用。高端红酒用的木塞尺寸长一些，是为了多撑些年头，陪伴这些极为耐存之酒度过漫长的成长时光。

中端红酒的软木塞短一些，微孔粗大些，回胀性和柔韧性逊色些，但密封工作足以胜任。更何况，在塞子被泡烂前，酒可能早就被喝掉了！

软木塞的软肋

软木塞正统尊贵，但谁也不知哪个藏着一剑封喉的毒招。瓶中酒不论贵贱高低，如中此招，绝难生还。

一家软木塞制造厂的大老板曾私下里坦承，即使是品级最高的产品中，也有4%左右埋藏着隐患。某家螺旋盖制造商说："葡萄酒用什么塞来封，这事不能像买彩票。"这话够狠够准，捅准了软木塞的软肋。

可的确就像买彩票，开瓶前完全不知道谁被抽中。彩票金额有大有小，这种"病"也有轻有重。症状重者令酒香彻底不见，而满鼻子都是湿报纸、霉菌、发潮的地下室味儿……轻者令酒香微弱寡淡，似乎发烧感冒。

这种病叫作"木塞味"，但它并不是软木本身的气味——别忘了，软木是没有气味的。它的源头曾长期是个谜。直到1981年，一名瑞士科学家才追查出些线索。

软木的微孔里面总会藏些细菌，它们本属良民，但遇到氯就变成恶性。有一种简称为TCA的分子，里面的C就是氯，即"chlore"。如果木塞成为它的携带者，又与酒日日浸染，就麻烦了。人的鼻子天生对这种物质的气味很敏感，理论上来讲，1克TCA就足以搞坏3亿瓶葡萄酒，比"苍蝇腿"的破坏力大多了。

餐厅里，有的侍酒师拔出酒塞后会闻一闻是否有情况，另外一些侍酒师则更喜欢往杯子里直接倒一点来鉴定，这取决于餐厅主管的见识与要求。

"合成塞"的核心价值

"人工合成塞"取自橡木，只是木质中的"肺泡"过大甚至联通，若直接封瓶会有漏酒之虞，需用木屑混合胶水做道填充手术。

更低档的合成塞将次等料、边角料全部打碎，再混合胶水压制成型，有弹性没韧性，一掰就断，回弹力也不好，与瓶口贴合性差些，只用于"快消"型红酒。

▲ 这种瓶塞拔出瓶后不再回
胀到原来形状，说明弹性
不佳、密封性差

对低档瓶塞，甚至是硬邦邦的塑料塞，也无须嗤之以鼻，它们未必是劣质红酒的代名词。大部分葡萄酒都用不着宝贝似的一存数年，与这样的塞子其实很般配。密封稍差，也不至于造成太大损失，同时保留了开瓶的"仪式感"；成本低，无须为用不到的奢侈买单，同时又减少了酒染上"木塞味"的风险。但它们弹性不佳，酒若喝不完，想塞回瓶里可就难了！

螺旋盖的硬功夫

法国人在对软木塞的态度上，理性实在很难战胜感情。家家都有开瓶器，开启方便也算优点？去餐厅吃饭点酒，一转瓶帽就开了，仪式感何在？从1968年法国官方允许使用金属螺旋盖开始，直到现今仍是"木旺金弱"。

其实，螺旋盖在法国并非新生事物。20世纪50年代末，螺旋盖的试制就在勃艮第葡萄酒大区里的夏隆－索恩（Chalon-sur-Saône）地区悄然开始。60年代末，新生儿落地。虽然受工艺水平限制，样子丑，一拧就裂，但对于延续了几百年的软木塞传统而言，这胆子大得简直是要革命。接下来的10年里，波尔多酿酒学院也投身到研究中来，波尔多"五大"之一的奥比昂酒庄也成了敢为天下先的法国酒庄之一。但螺旋盖内部与酒接触的那部分出了问题，材料中含有的某些成分搞坏了酒的质量，让大家进一退十，奥比昂酒庄也在70年代末期放弃了试验。

OBTURATIO

La capsule à vis repousse le bouchon

HERMÉTIQUE, ÉCONOMIQUE, PRATIQUE, LA CASPULE À VIS FAIT DE PLUS
D'ADEPTES. DANS CERTAINS PAYS, ELLE EST DEVENUE LA RÈGLE. EN FRANCE,
HEURTE ENCORE À DES PRÉJUGÉS. BERENGERE DE BUTLER

A Wettolsheim en Alsace, le
domaine Albert Mann utilise
des capsules à vis depuis 2004.
Pourtant, le domaine n'a pas

de France 2012 par *La Revue du vin de
France*. C'est Jacky Barthelmé, chargé de la
vinification, qui a introduit la capsule à vis.
Il explique son choix : « En 2000, en Austra-

première impression. En outn
exporte 60 à 70 % de sa produ
ment vers les pays nordiques, l'/
Nouvelle-Zélande, où la capsul

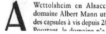

◀法国媒体刊登文章
"金属螺旋盖击退
软木塞"

    然而，技术方面的进步总是快过想象，螺旋盖的质量很快就不再是个问题。它
方便，能避免酒染上异味，易于回收……好处铁证如山，但依旧被长期诟病，理由
之一是它"隔绝空气，不利于高端葡萄酒陈年"。一些大牌酒商对此并不在乎，他
们手里的酒款多，量大价平，换上现代包装出击，直捣软木塞的几条软肋，逐渐俘
获人心。如今，螺旋盖纵然仍比不了软木塞的气场，但地位早已今非昔比。

2013年，戴上了螺旋盖的法国葡萄酒占到总产量的30%，缓慢而坚定地扩展着阵地。2015年，全世界产出大约120亿个软木塞，其中有30亿个就戴在法国葡萄酒的头上。澳洲的一家瓶塞制造业巨头更是每年为其法国分厂投资100万欧元，目前占市场最大份额。

"大众情人"路漫漫

换用螺旋盖的"快消"型葡萄酒越来越多，新的说法也逐渐流行起来，比如它"能更好地保留新鲜的果香，适合用于四五年内就应喝掉的葡萄酒"。还有一种说法是"高中低不同档次的酒需要不同的透氧率"，因此不同"透氧性能"螺旋盖内层垫片也应运而生……

埃米利·佩诺（Emile Peynaud）认为，葡萄酒装瓶后的成熟过程并不需要氧气。由此可直接推导出结论：无论酒的档次高低还是陈年能力大小，只要瓶塞的密封性够好、与酒液接触的部分化学性质稳定，螺旋盖完全可以胜任大众情人的角色。

照这样看，螺旋盖似乎可以凭借技术优势完胜软木塞：没有异味又完全杜绝了木塞味，可以充分个性化，方便开又方便回收……只是市场上玄机四伏，技术权威的声音未必总在浪潮顶峰。欧洲铝箔协会（EAFA）是螺旋盖的支持方，法国软木工会联盟（Fédération Française des Syndicats du Liège）和葡萄牙的软木协会（APCOR）自然在为软木塞加强防守，加上媒体的各路声音、消费者们的心理定势……大大小小的葡萄酒生产者每天都要面对市场博弈，螺旋盖成为"大众情人"之路依然漫漫。

▲ 软木塞和螺旋盖的对局玄机四伏

名庄会倒戈吗？

2003年，著名的勃艮第白葡萄酒产区夏布利（Chablis）的一家大酒商加入螺旋盖的队伍，波尔多的酒界名人安德烈·路东（André Lurton）也给他的白葡萄酒扣上了金属小帽。2007年，红葡萄酒回归试验阵营。玛歌酒庄在2002年用螺旋盖封了一批副牌"红亭"存在酒窖里，10年后拿出与软木塞装的做比对，老板似乎对结果挺满意。勃艮第的一家大酒商2004年拿出了用螺旋盖封瓶的1966年份葡萄酒办品尝会，一部分新年份的"特级园"则戴上了螺旋盖正式上市，"康帝"也关起门来搞试验……

"金"与"木"之间的战况是否将随顶尖名酒们的倒戈而彻底扭转，也许三五十年后才能初见分晓。但在大中型超市里，4~10欧元的旋盖酒已经屡见不鲜，米其林星级餐厅里也开始有了旋盖的高档白葡萄酒。见到这些金属顶戴，实在不必戴有色眼镜，只管享受"啪啪"旋盖的方便好了。

"刮拉刮拉" 最高端

塑胶塞、合成塞统统上不了太高的层次，适合中高端葡萄酒的瓶塞大战长期都集中在"金"与"木"之间。大约在12年前，又横空出世了一种新玩意儿，一下从高端酒塞的市场蛋糕里挖去了挺关键的一块。

如右图，这种瓶塞很像软木塞，不过短一点，也像塑胶塞，但着实有内涵，拆开看看就明白。它主要有四部分：下面一个高硬度隔离层，是底架上面一个护罩，两者是同种材料；中间那"塞体"的学名叫"泡沫热塑性弹性体"，这么复杂的名字对于葡萄酒的意义只有一点，它与玻璃的接触可以达到非常亲密的程度，从而实现高度的密封性；内

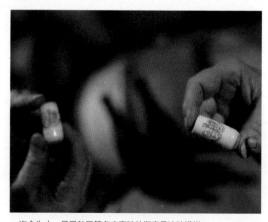

▲ 迄今为止，最受勃艮第名庄青睐的瓶塞是这种模样

部还有个高弹性材料的支架提供回弹力与支撑。

这是被意大利饮料包装业的大公司Guala Group琢磨出来的高科技产物，还得到麻省理工学院的认证，但最受酒庄主欢迎的其实更在于它完全能上普通的装瓶机，不必单独花心思改装就能打塞，酒客喜欢的当然并非其"解剖学"意义，而是拿寻常酒刀就能开。它最初的名字叫Guala Seal Elite，后来由于种种复杂的变故而改了名儿，但人们还是用"刮拉"这个最上口的方式来称呼。

市场上，各种材质的瓶塞继续苦战，高分子基因的高科技新生儿也偶尔来搅局，但不论市场蛋糕如何分割，铁杆"刮拉"迷中，确有不少老牌的古老家族酒庄。

盒中袋：纸盒装出性价比

大容量纸盒装的葡萄酒简称为Bib，来自它的英文俗名Bag in Box，即"盒中袋"。

筋骨强弱是关键

纸盒里面有个装满酒、带塑料龙头的袋子，3升或5升容量最常见，容易给人散装廉价酒的印象。但其实不少"法定原产地"——AOC级的酒也会做些Bib送进超市。玻璃瓶的成本高，同款酒如有纸盒装，"性价比"自然更高。

AOC、VDP、VDT的分级系统并非根据质量、陈年能力这样难以客观评定的"软指标"而制定的。能不能用盒中袋，属于哪个级别并不是关键，而要看具体每

▲ 纸盒装的"AOC"在法国很常见

款酒的筋骨强弱。

若干年来的经验证明，想长时间存放红酒，玻璃是最好的容器。就算不考虑高贵形象，名酒也不能用纸盒、塑料瓶、易拉罐，时间长了，它们会和酒发生化学反应。就连很久以前的玻璃瓶因为石英质量不够好，也有可能把酒染上"玻璃味儿"。如果一款酒的最佳赏味期不过一两年，用Bib包装就不存在什么问题。售价超过20欧元的瓶装酒最好经过五六年甚至更久的"瓶陈"再享用，当然不会装入盒中袋。

瓶装酒打开后只能存放三四天，若想保存更久，就得动用特殊手段，比如注射氮气、抽真空，实在麻烦。而盒中的内袋在装酒前被抽成真空，在一定程度上隔绝空气，开封后也能保存数周。

不过，看似严密隔绝空气的盒中袋，密封性也与玻璃不可同日而语。十几个月的"盒陈"，也已经悄悄渗进了不少空气。开封后应存放在凉爽处，并在一个月之内喝掉。

以前，"盒中袋"的包装技术水平还不够高，一般都是内销而出口较少，长途海运中温度、湿度变化很大，包装袋也随着酒的膨胀收缩而受害，万一破损后果严重。在包装技术方面，澳洲人在很长时间里都走在前列。近年来，法国人也开始重视Bib的生产技术。比较便宜的"酒口袋"用双层膜压制，内膜直接与酒接触，外膜隔氧。技术含量更高的则用多层复合膜，隔氧性能更好。在出口的葡萄酒中，纸盒装其实比我们想象的要多得多。

桶中袋：本质仍是盒中袋

中高档的干红在酿造结束后，通常要在橡木桶里陈酿数月甚至几年再装瓶出厂。那为什么不能用几升容量的小木桶直接装酒卖？这样不显得更正宗、更高级？是因为比玻璃瓶成本高、不合算吗？

陈酿葡萄酒的橡木桶的容量少说也有上百升，酿酒师会定期把桶添满，补足挥发掉的部分；隔段时间还要把酒吸出来，换到清洁的桶里，避免析出的沉淀物产生异味；必要时，还得加入少量酿酒用添加剂，防止有害微生物来捣乱……在整个陈酿期，都有酿酒师的频繁照看。但若拿微型木桶直接来盛装，用不了多久，小酒桶就成了小醋缸！

3升、5升的"小木桶干红"实际上与"橡木桶陈酿干红"风马牛不相及。一语道破天机：这只不过是把装酒的内胆放进做成酒桶状的木壳，"盒中袋"成了"桶中袋"罢了，至于"酒桶"又是何木所制，那就更难说了。

"桶中袋"既然是卖包装，做出真正的艺术范儿才叫厉害。朗格多克一家酒庄就是这么干的。2000年起，老板开始与艺术家合作，先在真正的橡木桶上设计，然后缩微到小桶上面，换成金属材质，批量生产。

由不同艺术家设计的酒桶现已过百，据说目标要达到500个。老板把大橡木桶原件集中起来办展览，干脆就命名为"Bib' Art"，不仅在欧洲办，连上海都来过。微型的"桶中袋"们则打上编号限量发售。酒依然是"快消型"本质，六个月、一年，就该喝掉，可身价已迥然不同。

◀ "小木桶干红"其实是"桶中袋"

CATALOGUE
D'EXPOSITION BARRIQUES PUECH-HAUT ◀ "艺术桶"展览会

▲ "快消型"也能做出艺术范儿

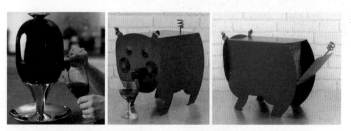

▲ 由盒中袋衍生出的各种"情趣产品"——把内袋从纸盒里取出，再放到这些产品中，提升
  一下"颜值"，还可以加个冰袋来降温

破译酒标

"Cru Classé" "Grand Cru" "Premier Cru" "ROMANE-CONTI"……
或许是私人酒窖中最明亮的几个字眼，
但远远不是解读酒标、破译一瓶酒来历出身的根本。
至于那些好像能"迅速识别"的元素，
比如古堡图案、年份数字、"法定产区"标志、酒庄装瓶……
更是暗藏歧路。

快速解读：产地级别写在哪？

酒标越花哨，越说明上面的"促销信息"繁多，没必要被吓到，更没必要统统弄明白。

"法定八条"

法国葡萄酒必须标注的法定内容有八条，其中有一半马上就能搞定：

· "孕妇不能饮酒"的警示通常是个小图标；

· "装瓶序号"对选酒来说没什么指导意义；

· 酒精度一看就懂；

· 标准净含量都是75厘升（750毫升）。

▲ 这张酒标的右下角汇集了法定八条中的六条

接下来把几个单词搞得脸熟，就又有两条收入囊中：

· Produit de France说明是"法国干红"；

· "Contient des sulfites"说明含有添加（别看到"添加"就起疑，可参阅CHAPTER IV）的二氧化硫。

现在，还剩"级别"与"装瓶信息"。这是酒标上最关键的两条内容，凭借它们能推断出对选酒而言最有价值的结论。

寻找产地与判定级别

欧盟从2009年起开始实行统一的酒类规定，以前法国葡萄酒的AOC、VDP和VDT三个级别也相应改为AOP、IGP和VDF（请参阅"级别：看懂'三级'不轻松"）。对生产者来说，技术标准等方面有些许调整，但对酒客来说没有什么革命性影响，只是读酒标所需要的单词量加大了一些罢了。拿其中的AOC举例来说：新政实施以后，Appellation d'Origine Contrôlée变成了Appellation d'Orignine Protégée，按文字翻译即是"受保护的原产区"。本书中为简化起见，下文继续沿用"法定原产区"一词。

如何寻找级别？首先，看看有没有这样一行字：第一个单词是Appellation。（提示：有时，这行字藏在"背标"上，所以要把酒瓶肚子上贴的所有标签都检查一遍。）

一旦找到"Appellation"这个词，将它后面的所有单词都记下来——绝不要一旦看到Appellation就止步。因为如果仅知道一瓶酒是"法定原产区"级别，而说不出具体是哪个区，信息量基本等于零。

关于酒标上应如何标注"法定原产区"，法律条文中规定了"标准格式"，即要用"双行标注法"：下方用较小字号标注Appellation+产区名称+Contrôlée（大小写均可），上方用更大的字号重复标注产区名称。

▲ 用"双行标注法"来标识"法定原产区"是法律规定的标准格式：APPELLATION MÉDOC CONTRÔLÉE（梅多克法定产区），上方再用更大的字号重复标注产区名称MÉDOC（梅多克）

▲ 有些葡萄酒农颇像艺术家，对某些"龟毛"的规定未必百分百执行，所以有时会看到稍有不同的写法。但万变不离其宗，Appellation d'Origine Contrôlée上方紧邻的那个CHÉNAS就是产区名称

若没有找到"Appellation"一词，那一定可以发现下面四个词组之一：

· Indication Géographique Protégée
· Vin de Pays
· Vin de Table
· Vin de France

Vin de Table和Vin de France其实是一类，分别为新政实施前后对"餐酒"级别的命名方式。此类葡萄酒的酒标通常很容易阅读，只是要注意一点：Vin de France属于级别标示，而酒标上的另一行字"Produit de France"属于"生产国"信息。

现在只剩下"地区级"尚未攻克。

▲ 酒标上的信息是随着时代而有所变化的。这款老年份的"AOC Cahors"的酒标上的Vin de France表示"产自法国"，现在这个词组已经成为"级别"信息

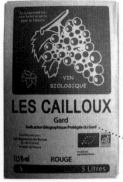

Indication Géographique Protégée du Gard

▲ Vin de Pays des Bouches du Rhône（罗纳河口地区葡萄酒）、Indication Géographique du Gard（加尔地区葡萄酒）中的 "du" "des" 是法语中的缩合冠词，相当于 "某某的"。只要多读些酒标，这类冠词就变得脸熟了

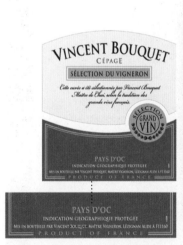

APPELLATION VIN DE SAVOIE CONTRÔLÉE

▲ Pays d'Oc是最常见的法国地区级葡萄酒产地

▲ Appellation Vin de Savoie Contrôlée（萨瓦法定原产区）的名字中包括 "Vin de" 这两个词，请别与 "Vin de Pays" 混淆

VDP改成了IGP之后，对非法语地区的消费者来说，词汇量一下子增加了不少，所以要集中寻找酒标上的最关键信息。

IGP是简写，酒标上要写全称Indication Géographique Protégée——"受保护的地理名称标示"。相信平时没什么人会使用这么拗口的新译名，因此下文依旧沿用"地区级别"一词。

地区级其实和"法定原产区"的内涵很相近，都要分区划界，有相应的技术规范。同样，每个"地区"都有具体的名字。一旦发现Indication Géographique Protégée或Vin de Pays这三个词，就要把这行文字后面的所有单词都记下来，这就是产地名称的关键词，是进一步解读的基础。

把"级别"搞明白之后，再加上"年份"作为辅助信息，就已经能大体推断此酒是新是老、是否已经进入适饮期、是否有一定收藏价值……

识别"酒庄酒"

酒标上可以没有年份、没有葡萄品种，甚至有的酒都没有一个"正规"的名字，但"装瓶者"却是"法定八条"之一。如果想知道是"贴牌酒"还是"酒庄酒"，必须把这个重要关节打通，虽然解读这条信息是最考验单词量的。

绝大多数酒标上都一定有Mis en bouteille这三个单词，意为"装瓶"。找到之后，看它们的后面（或下方）是否有以下表明"酒庄"的字眼：

▲ Propriétaire Récoltante, Domaine, Mise en bouteille à la propriété… 都反复提示着"酒庄酒"的身份

▲ Cave Coopérative（酒农合作社）也是法国葡萄酒的重要生产单位，有一些的历史已经很久远

· Château

· Domaine

· Propriété

· Récoltant、Propriétaire-Récoltant或Vigneron（这三个单词／词组的具体含义有所区别，但对于酒客来说，完全可以把它们都理解为"酒农"——与"酒商"相对）

有极少数的酒庄，市场集中在当地，对酒标标示要求并不百分百地严格执行。这种情况下，即使并未直接标"Mis en bouteille"，也总会有其他字眼表明"酒庄装瓶"的身份。

还有一种重要的农业公司形式：合作社。它可以将"酒农会员"们的葡萄收成混调起来产酒，也属于"酒庄装瓶"，但不能使用"Château"或"Domaine"这类词，而通常使用"Propriété"。

▲ "Mis en bouteille... Pour les Domaines Barons de Rothschild..."这句话中的"Domaines"一词初看有点迷惑人，容易当成是"酒庄"，其实它是加了"s"的复数，是"拉菲罗斯柴尔德酒业集团"公司名称中的一个词。只要看到下面的Négociants，其"酒商酒"的出身便更加了然了

如果没有发现上述单词中的任何一个，就极有可能是酒商的贴牌酒，特别是如果发现"Négociant（酒商）"一词的话。

Mis en bouteille的周围是暗藏丰富信息之处。欲知更多奥秘，请参阅后文"装瓶者"。

"品牌"是个难题

打个赌：如果你刚刚开始喝红酒，正好有人送来一瓶，还没看标签，你的第一个问题一定是——这瓶酒是什么牌子的？

工业产品流水线生产的高效率与大批量、针对产品或企业形象的各种广告宣传，令品牌概念已经深入人心，以至于令我们忽视了土地的风格与力量，习惯性地认为葡萄酒的质量也要讲"品牌"。

公司做出品牌，大伞下可以罩进所有臣民。带着"双C"的一瓶香水和一个2.55手袋，价格能差三位数，但不会构成你的困惑。产品性质不同，见得到也摸得到。但进口来的数万元一瓶的"大拉菲"和几百元人民币的"拉菲传说"，将背标上的中文读了又读，仍然判断不出"Lafite"这个牌子究竟该"值"多少钱。

"拉菲"成了品牌。其余几十亿升法国红酒，也都被大大小小的"品牌"装了去吗？很多问题，源于对葡萄酒"商标""品牌"概念的陌生或误解，不知道它们到底是什么样子。

比起其他的商品，"品牌"和"品牌酒"这两个词在葡萄酒世界里有特殊的一面，以至于有专业教授专门写文章来分析葡萄酒的"品牌"内涵。

通常，"品牌酒"指由酒商大批量生产的"贴牌酒"，它们混调了四方八面的收成，特色主要在于品质标准和稳定。去年喝过觉得还顺口，今天忽然又想买一瓶，货架上已经换了年份，但口味差得并不会很远。有个历史最悠久的酒商酒品牌在法国几乎家喻户晓，但得去超市才买得到。有意思的是，在超市里占了法国品牌酒销售量头把交椅的那个，却是另一家酒商的品牌，而且很多人并不知晓它的名字！

酒庄酒一样能做出"品牌"来，"五大"不就是最好的证明？但却难以称它们为"品牌酒"。受了土地规模所限，"酒庄酒"卖掉一瓶便少一瓶，再难复制。无论名庄大户还是偏远乡村的无名酒农，葡萄都是从各自的葡萄地里长出来，名气能带动价格，但不能让产量大增。大旱之年里，葡萄拼命扎根找水才能结出果，产量还要下降二三成。

"品牌"提供的是个整体概念，绝大多数"酒庄酒"少有机会或能力把名号做大做响到能称品牌的地步。当然，这并不是说酒庄酒一定更优秀。如果布料差版型糟，也没必要为了衣服上多出的几个口袋而多花钱，同款圆领衫穿一夏也不见得不舒服。只是罕有酒商会把"风土"装在瓶瓶罐罐里让你见识，会把葡萄园里无意中发现的千年前的龟状燧石藏在软盒中向你显宝。

　　再来看看葡萄酒的"商标"概念。在各自的权限内，酒庄和酒商都可以按自己的意愿生产不同款式的"产品"——葡萄酒——并给它们起名。酒名是酒的商标，但葡萄酒又未必一定有其他商品都具有的通常意义上的商标名。所以在酒标上找"酒名"有时很费力，而这不只是懂不懂法语的问题！

　　"Château ×××是什么牌子的酒？"能发现Château这个熟悉的字眼，已经算是很容易读的酒标。那么又是什么牌子呢？就是你刚刚读出来的这个牌子，即使它本身并未响亮成"品牌"。

设计与图案：风格不限规矩多

　　50年前，法国葡萄酒并不太重视酒标设计，大部分人家不愿费事或不屑为之，认为将酒酿好就无所谓巷子深浅，也无所谓酒标美丑，设计只交给印厂。而如今，国际红酒市场硝烟弥漫，酒标设计已经进入现代葡萄酒市场学范畴。

　　价格平易、酒体结构不复杂的葡萄酒往往采用轻松明快或幽默型酒标，强调"分享""快消"的体验；硫化物添加量很低的"天然型"葡萄酒常用简洁的设色来突出主题；传承数代的家族式酒庄可能更偏爱"古着派"……酒标的风格流派已经是各家市场销售的重要部分。

"后"未必是"背"

　　酒标上要有八条法定必备信息。至于贴几张标，没有法律来管。

近年来的流行趋势是简化前标的文字，以设计感吸引眼球，可是连产区名字或生产者的名字都没写。把瓶子转到背后，这里的文字密密麻麻，姓甚名谁、老家何处、芳龄几何……前后互补，形成完整的宣传策略。这样一来，背后的其实是"正标"，前面的反倒是"背标"。

▲ 背标上干脆只写酒庄主的名字

"古堡"的实名制

酒名中有"Château（古堡）"字眼的葡萄酒，一定要同时满足两个条件：

· 必须是酒庄酒；
· 必须是AOC级别。

但是，酒庄可未必真的有一座真实的古堡建筑。

在法国，产酒的"古堡"主要聚居在波尔多。在法规或行规并不太严格的时代里，一些没有"古堡"的酒庄也在名字中添上此字眼来注册商标。2006年，当地行业协会统计出超过1万个"Château"。似乎一降落到这个大西洋畔的葡萄酒之都，就立刻置身于巍峨挺拔的古堡群……殊不知，其中一部分是"幻影古堡"，真到庄主家去做客，有可能就是个大房子。

近年来，行规有所收紧，除非酒庄真有座古堡，否则随便自称Château已经不大有可能。

在法国，有古堡建筑的酒庄的确历史悠久。但几百年光阴里，被转手几次、遇到多少昏君明主、葡萄园是否曾断代抛荒，仅凭一座建筑物可看不出来。至于酒本身的档次等级，更不是酒标上一个"Château"的字眼说了算。

市政厅也能做招贴

在新兴市场上，有古堡图案的传统风格酒往往最受欢迎。要是酒庄并没有古堡，能不能在酒标上画一个？能。就连酒商的"贴牌酒"也可以。不然，那么多针

▲ 爱思图尔酒庄的 Château名副其实

对国内市场的"特制品牌"怎么也能一窝蜂地拿古堡做招贴画？

素描，水彩，抽象，写意……如果觉得现画太费事，还可以堂而皇之地在酒标上印公众建筑物，甚至当地市政府！但一定要在图案旁边标明，这到底是"Maire de ×××（某市政府）"还是"Hôtel de Ville（市政厅）"？绝不可一声不响，好像这是私有的豪宅——可是，在讲着外语的市场上，此举有用处吗？

自家有Château的酒庄，大多数还是愿意把古堡美美地印上去做招牌的。若不喜欢在酒标上声张，也是人家的自由。若感兴趣，可将波尔多列级酒庄一众列开，数一数酒标图案上几家有"堡"几家无？

至于酒标上的"家族徽章"，有些是三百年古老家族的徽章，有些是年轻设计师的新作……你会去一一核实吗？因此，不要凭招贴风格猜想瓶内品质，专注于酒标上最关键的信息才是根本。

年份：年年岁岁酒不同

　　东南方的好年份，未必是大西北的晴天。赤霞珠乐了，黑皮诺没准儿伤心着。山坡上的水早就渗走了，沙地还积着雨坑。问一家酒庄：你家这个年份好不好？好！我家种的这什么葡萄，长在什么地上，根扎了10米深，一点都不缺水，这么足的太阳，实在是呱呱叫。问对面山坡另一家，人家也许会皱着眉，抱怨云彩总是飘不到他家园子上，土干了，叶卷了，真烦心。

　　玉米大豆受日照多了就不开花，大旱大涝会让夏粮减产，花生得了根腐病甚至可能绝收。天气与环境具体而微的变化，小到风雨寒温，大到天灾病害，都会给农作物打下当年的烙印。在北半球，葡萄三四月发芽，九十月收成，收成之后葡萄树又要养精蓄锐、蓄势待发，这一年轮转之间，哪几个月阳光充足、降雨适宜，有无霜冻突袭，有无病害横扫，这就是酒客同样在关心、在谈论的——年份。

▼ 同一片山坡上，既使表土与底土的构成处处相似，各片葡萄园的朝向、坡度、海拔的细微差别，在讲究"风土特色"的酒区中，可能都是影响果实与酒的风格的重要因素

◀ 年份？这是个问题

年份代表着什么？

是"采摘年"，不是"装瓶年"

葡萄酒的正面标签上，往往都有一个年份数字。这不是"装瓶年份"，而是"采摘年份"。以前，只要有85%的葡萄原料（未必来自同一家葡萄园）是同年采收的，就可以标注年份。现在严格了标准，"年份酒"必须是百分百的该年收成。

"葡萄甜了"还不够

吃葡萄，在意它果肉够甜、不要太酸。酿葡萄酒，糖分也得达标。如果八九月一直阴冷，半生不熟的收成出不来好酒。

说"葡萄甜了"还不够，年份还关系到酸度与甜度的辩证关系。八九月份若温度太高，糖分不断上升，酸味物质显得过于弱势，便难以达到和谐均衡。

酿造红酒，不能马上"吐掉"葡萄皮，必须先留在汁里"泡"，把皮的颜色和包含的香味物质——也就是所谓的色素、单宁等"多酚"泡出来。葡萄梗里也有单宁，不过跟皮里的那些单宁结构不一样，显得糙些。但有的酒庄还是喜欢留着梗一起泡，增加力道。若连皮都没熟，梗就更加苦涩。有足够的阳光、足够的光合作用，青果才能转红，让葡萄梗也染上了黄棕色。但晚上又得足够凉爽，才能让酚类物质熟得"分毫不爽"，才能浸泡出深浓的色，释放出馥郁的香与味。

年份牵动着葡萄成熟的好与坏，综合指标又定义着年份的好与坏。但就算同是好年份，果实收成也有具体而微的变化。也许汁水淡些，也许个头大点，也许皮儿嚼起来味更足……一粒葡萄稍甜些很难尝得出，皮厚一点点肉眼也难以觉察，但当投进大酒桶挤在一起破皮出汁，各方面的点滴不同就顿时集合成巨大差异。颜色深一些、色素单宁成熟度更好，酒必然更浓更芬芳；每升葡萄汁中多出8克糖，就能让酒精多半度。正所谓年年岁岁花相似，岁岁年年酒不同。

年年岁岁，花也不同

退一步讲，就算是"葡萄花"，年年也是不同的。有时风疾雨骤，花落果疏，一株葡萄树少收一串果，全部收成加一起就少产几千几万瓶。有时春暖风和，花繁果丰，反要剪掉部分青果限产。亩产量高的酒庄不可能出好葡萄，也就不可能出好酒。

不仅是天气问题

葡萄酒的年份带来的不仅是天气问题。假设10年前与10年后的两个年份的气候条件完全相同，因为根系由浅变深，同一片园子也会收获不同的果实。

农作物生根浅，几年就要休耕。葡萄一旦种下，便是至少数十年甚至上百年的生命。葡萄树种下3年才能收来酿酒。不足7年的植株，天气再好也结不出多么出色的果子。根深了，吸收的养分就多，在缺水的年份，年岁大些的葡萄树结出的果实质量大都胜一筹。

没有绝对的"坏"

如今的酒庄主爱说，酿酒技术已如此进步，已经没有"坏年份"，只有"艰难的年份"。

坚持传统的酒庄对某些"人工整形"会嗤之以鼻，责其过于背离土地精神，但不得不承认的是，20年来葡萄栽培与酿造工艺上迅猛的科技进步，令坏收成也能起死回生——不是化腐朽为神奇，但把30年前只能酿成醋的一堆收成改造成尚能入口的"酒"，今天来说并非难事。

"胎教"的意义

没有真正意义上的坏年份，不是说家家都能出好葡萄，都能酿好酒。

得益于更加准确的天气预报，即使在最受天气制约的地区，葡萄园管理也比数年前容易得多，即使全法国重演1968年的八月飞霜，整体水平也不会像当年那般惨淡，人力的勤勉与否，在很大程度上可以修改大自然的决定。

如果成熟季节阳光不足，葡萄不够熟美甘甜，就像早产儿先天不足，那只好靠酿酒师后天补救。如果收获期间阴冷多雨，果实在枝上有些腐烂，采收时若不经严格筛选，又怎能保证仅留下最健康的果实？

买酒行家会讲"大酒庄小年份"，意指在"艰难"的年份里最好挑选那些口碑好的"牌子"。虽酿不出"大年份"那般体格强健之美，但还是可以塑造出细腻阴柔之美。如果原料筛选力度不够，酿酒师又不够高明，酿出酒来不仅柔弱而且有生青之味。

一家兄妹，先天发育不同，后天体格有强有弱。但先天发育状况可不止受"待产期"的天气影响。从春到夏的每一天，栽培工作都如胎教一般重要。葡萄长叶时、开花时、结果时……除非是霜雹袭击或大规模病害让收成胎死腹中，否则，重视"胎教"的酒庄总是能收获更优质的果实。

无怪乎在法国北部寒冷的年初，葡萄园里要升起篝火以防霜冻；无怪乎收获季节若逢雨水，家境殷实的酒庄会不计成本地动用直升机吹散水汽；无怪乎所有重视收成质量的酒庄主，有丰产之兆的年份里反而会忧心忡忡，担心坐果过多而质量下跌；无怪乎不同年份的酒价有别，就是同一年份里同一地区的酒，质量和价格都会拉开档次。

法国酒农有句农谚："Août fait le moût"，意思是在一年之中，八月最为紧要。即使春夏阴冷，葡萄生长延迟，如果八月阳光充足，温度又不热得吓人，就能补救回来。

好年份未必丰产

种棉花小麦橘子苹果，丰产就是丰年，但用来酿酒的葡萄可全然不同。好年份未必是丰产的年份，坏年份也未必歉产。这个年份的酒好不好，讲的不是多少瓶产量，而首先是种出来的葡萄好不好。原料健康、酒酿得好，产量还比往年低，加上酒庄会宣传，价格自然就贵上来。

没有年份又如何？

随着"拉菲82"的众口铄金，我们习惯了拿到一瓶红酒第一件事就是看年份，"年份酒"也随之被贴上"真酒""好酒"的标签。但是，"年份"却并不在酒标上必须标注的八条法定信息之列，因为法律根本没有规定一瓶酒一定是"单一年份型"。就算是"法定原产地"级别，混调不同年份基酒而成的"非年份酒"也毫不稀奇。只是市场洪流中，主力依然是年份酒而已。

媒体几乎只谈年份酒。新一年份装瓶上了市，各行业协会、酒商与媒体纷纷修订新的"年份表"，哪些可以开瓶喝了，哪些还得继续陈着，新生儿是否比哥哥姐姐更有前途，这又是一番热闹。比如每年4月间的"波尔多期酒品尝会"，可谓一年

▲ "餐酒"如今也能做年份型，多缴付百十欧元的税金罢了

▲ La Fiole du Pape的"磨砂+歪脖"成为隆河酒区一道独特的"非年份"风景——也许一部分要感谢这奇怪的酒瓶

中全球媒体曝光率最高的酒界事件。

非年份酒很少有媒体搭理，因为统一风格正是非年份酒的策略，年复一年都是一个样才好。只是新兴市场里的消费者觉得葡萄酒理所当然要有年份，偶见个把酒标上没写年份的，便会犯嘀咕起疑心问这是谁家野孩子。

法国曾长期禁止日常餐酒标注年份，而法定产区级别酒又大多是年份酒，这两类的产量分别各占全国葡萄酒总产量的三分之一左右，对比之下，不免让人产生非年份酒都是低端货的印象。

其实从山村深处的无名酒庄到产酒大户，混调数年份的不只一家，绝非见不得人的买卖。质量不错的NV（Non-Vintage，"无年份"或"非年份"型）红酒，比你想象中要多得多。非年份酒存在的原因也不只一条，绝非只有"质次价廉"这类贬义词语方可形容。

不少做NV的是酿酒合作社或大酒商，能从左邻右舍、远郊区县甚至跨省份来收购葡萄和散酒。有"广收粮"做保障，靠着混调不同年份的基酒，风格质量更稳定，且易于根据市场需求调整产量和生产时间，不必像自产自酿的酒庄那样拘泥于每个年份的酿造进度。有些英国进口商还会专门要求酒庄将每年的新酒混调入一小部分旧年份酒再装瓶，就是为了得到如一的口味，吸引消费者的认知！如果年景太差，偶尔为之地混调旧酒做款NV，也可缓冲一下坏年份的压力。

葡萄园里下功夫的人家，不管是做年份酒还是做非年份酒都会出彩。如果土地里的活计不上心，后天再补救也得露马脚，一连几个年份都出不来好酒，调配到一起也强不到哪儿去。

无论VDT、VDP还是AOC都有非年份，只是占总产量比例多少的问题。绝大部分NV价格低平，除了瓶装还有很多盒中袋，日常饮用之酒，不可陈年。

但也有异数，隆河地区有一款混调多年份基酒的NV干红La Fiole du Pape，装在陶艺家以葡萄树形状为灵感设计出的歪脖子磨砂酒瓶中，售价二三十欧，排在最知名的非年份型法国干红之列。

有年份才有八卦

一家酒庄产的数瓶相邻年份酒，依次品尝排座次，入门酒客与资深酒客很可能观点不同，这很正常，就像欣赏音乐欣赏画作，外行人与内行人见识常常相左，就是专家也未必意见一致。这就是年份酒的"多功能性"，彰显个性，制造热点与话题，提升名气，增高附加值，让我们看到生活中原来可以有无限多的可能。

假设把几种年份酒各取些相混，调出一款"非年份"，再让大家排座次，"野孩子"未必忝居末席。酒好不好喝，与是不是年份酒，可以说毫无关系。当然，如果各款基酒的调配比例不佳，混出的"非年份"气韵不协，那是另外一回事。

有的年份酿酒师失了手，有的年份发挥尤佳；有的年份天公成全，有的年份四面楚歌……这都是年份酒要承担的变数。但葡萄酒的迷人之处，绝不在于要减弱、消弭掉变数，统一成可口可乐的配方，而在于要在年份规范出的空间中施展拳脚，画出万花筒窗口中一花一世界的万紫千红。

年份的特征，也是对未来猜测押宝的一张牌，创造出丰富无尽的话题，赋予了葡萄酒的多种角色功能。如想待其升值，找名庄的年份酒才有意义。升值空间与升值速度暂且不论，关键是市场上基本没有人炒作非年份酒！

从整体而言，年份所包含的信息丰富程度根据国家产地而异。澳洲、美国的非年份酒比法国多得多，并没有因为缺少生产日期而受歧视。这并非只是因为人们头脑中条条框框少，而是天时地利助兴也。

法国大部分地区寒暑分明，地质条件迥别。即使在一个小地区内，也有可能这边雨水入地渗走了，那边沙地上还积着水，同一年份也是几家欢乐几家愁。更不要提不同年份的气候差异。但在很多新世界的产酒区里，对同款酒做多个年份的"垂直"品尝，感官指标的戏剧性起伏并不常见：气候相对稳定，平均气温高，很少有葡萄成熟不了的情况，降雨、光照等气象条件的波动小得多——2013年，智利遭遇80年来最严重的霜冻，但在法国，仅拿波尔多一地举例，从1945年到1995年的50年间就有不下4次严重的春霜。

从产酒方式来看，新世界里有很多大型酒厂，从南到北广收葡萄来混调，单独某个地区的气候变化再也显不出特点，年份酒的市场意义大于酒本身年份特征的品评价值。

买酒来喝，如果重点并不在品评年份差异，是否年份酒又有何关碍？若能找到几款喝得顺口的非年份酒就更是万事大吉，回回都买这几种再不必费心思。

年份，只买对的

选酒有句行话：小酒庄大年份，大酒庄小年份。意思是说，这样容易挑到性价比高的。

顶级大年里，酿酒师闭着眼睛也难以失手搞出坏酒。如果年份"艰难"，大酒庄底气足，舍得花工夫拣出烂果，或者酿酒师功夫扎实，加上硬件配置齐全，酒绵软些，但未必不出彩。小酒庄软硬件差些，受年份影响更严重，质量不免参差——"小酒庄"不是规模小之意。几亩地的园子，名气未必不响，"软实力"的大小最重要。

拿一张葡萄酒指南里的"年份表"，圈上每个产区里得分最低的年份，专挑最有名的酒庄，这是最简单快捷的方法。不过，如果某个年景真的很差，有的顶级庄可能只做副牌酒或滴酒不产。

"出生年份"莫强求

给自己、给父母或孩子选瓶出生年份的红酒，主意甚好，但莫强求。

如果父母的出生年份不巧正是全法国葡萄的"艰难年份"，那必然难寻。顶级名庄可能为了维护质量水准而滴酒未出。若有缘寻到，物以稀为贵，价格定然不会与质量成正比，酒本身的滋味怕是不如心意浓厚。

买名庄方能"耳顺"。但最好还是细细问过行家再决定。不要仅仅比较价格，还要了解酒庄昔日的名气、酿酒师的水平。毕竟今天的接班人在六七十年前大多还没到世上来。

送给尚未成年的孩子，定然不会空手而归，无论"大小年"，千万不要买小瓶装，它们耐存性差得多；也不要买不会升值的"贴牌酒"。

送给自己，如果出生年逢值某个产区的"顶级大年"，那么不妨做收藏考虑。如果赶上"小年"，酒的保存状况好，那也同样是机缘。开瓶邀朋友们分享老酒的软绵绵余香吧。

何时能买到最新年份的名庄酒？

想尝本年份的波尔多名庄酒，除非跟酒庄关系近，年底前给你打开酒窖门，从木桶里抽出一小杯。想买？那想也不要想了，等到明年初一也没有货。想订？那也得再耐心等上小半年。

秋收、酿造，之后在橡木桶中养18~20个月才装瓶。转年的春末，首次拿出些样品来办品酒会、邀客户、请记者……五六月份公布价格。酒在桶里继续养精蓄锐的同时，酒商忙着下订单、接订单……此所谓波尔多的"卖期酒"。想从零售店里买到簇新的"列级庄"？再耐心等两三年吧。

▲ 波尔多的"期酒品尝会"，尝的都是未完成的样品酒——手写的文字意为"2014年份""2015年3月30日提取的样品"

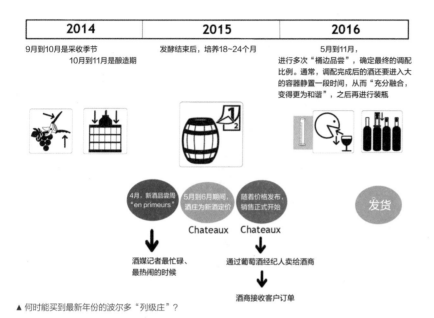

2014	2015	2016

9月到10月是采收季节
10月到11月是酿造期

发酵结束后，培养18~24个月

5月到11月，
进行多次"桶边品尝"，确定最终的调配
比例。通常，调配完成后的酒还要进入大
的容器静置一段时间，从而"充分融合，
变得更为和谐"，之后再进行装瓶

4月，新酒品尝周
"en primeurs"

5月到6月期间，
酒庄为新酒定价

随着价格发布，
销售正式开始

发货

Chateaux　　Chateaux

酒媒记者最忙碌、
最热闹的时候

通过葡萄酒经纪人卖给酒商

酒商接收客户订单

▲ 何时能买到最新年份的波尔多"列级庄"？

"新"的美丽与哀愁

有一种类型的红酒，从里到外都透着"新鲜劲儿"。

当年采收、当年就能酿好装瓶开始售卖的法国干红，除了少数"日常餐酒"，基本只有一种可选。倒进杯中，边缘反着紫艳艳的光，像簇新而单薄的花瓣；酒标上也有个表明"新"的字眼：Nouveau。

"新酒"就是它的名字。法国东西南北都有出产，"薄若莱新酒"是代表。

中高度红酒的"培养时间"多则一两年，少则数月，每年九十月份收了葡萄，第二年的这时候可能还在窖里养着呢。而"新酒"禁不起培养因而也不需要培养，从葡萄收成到新酒上市总共不到两个月。

发酵方法特殊，不沾任何木桶，葡萄汁变成酒后基本就算完工，顶多在不锈钢

▲ "薄若莱新酒来了"！有关"新酒"的广告总是透着轻松快活的调调儿

罐里再待几天就能装瓶。每瓶中余糖量不超过1.5克，酒精度12%上下，口感偏酸，清淡新鲜。

"新酒"也是干红，当然也分级别。除了"Nouveau"一词，AOC和VDP级的还可以使用"Primeur"来表明身份。

再强调一遍，本节讲的"新酒"是一种干红类型，不要与那些酿好后还需要至少数月培育期才可装瓶的"新"的酒混淆。"我买了一支新酒"，是说新酒类型；"我买了一支年轻的酒"，是说这支酒的葡萄采收年份距今并不久远；说"我买了一支年轻的新酒"就是多此一举，因为新酒必然年轻。

受先天基因与后期成长方式所困，"新酒"都会未老先衰，超过半年便不好喝了，没有任何收藏价值，所以当年就要发售。但发售时间受法律约束，档次低一点的"地区级"新酒，每年10月第二个周四起才能开始卖。AOC级还要再等一个月，法定上市日从当年11月第三个周四零点开始。"日常"级别的不做任何"培养"，发酵结束后就灌装销售，没有法定上市日。

红颜一旦不再，就会受到无情驱逐。法国法律规定从新酒上市日起算，售卖时间不得超过6个月。比如，2015年份的"新酒"如果到了2016年年底还在超市里卖，是要被勒令下架的。

还有一种"更新"的酒，生命更为短暂，叫Bourru，或Vin Nouveau，字面上就说明了是"新葡萄酒"。实际上是发酵刚刚开始的葡萄汁儿，洋溢着蒸馒头似的酵母味儿。从严格意义上讲，它并不能算酒，只能叫半成品，不够真正的"新酒"资格。勃艮第在10月初有专门的庆祝节日，波尔多城中在10月底的几天里也会供应。秋末冬初，新酒驱寒，时令之趣也。

▲ Bourru比Primeur"更新"，其实应算没有完成的酒。看，10月初"新酒节"就开始啦

"新酒"们虽然便宜，但并不是质量低劣的同义词；虽然不上档次，但如认真酿造，比起某些酸涩失衡的"木味干红"好喝得多；虽然绝不值得金屋藏娇，但青春朝露毕竟也有一瞬之美。如同过年时买烟花，时令当道，花费不多，热闹响亮，留不下什么记忆，明年又有除夕。

生产日期："十年大限"莫须有

酒酿好，要经过一段长短各异的培养期才算完成，才可以进行灌装封瓶。装瓶日期离葡萄收获之日可能隔着数月或数年。这一信息包含在"法定八条"之中的生产批号里，并不一定用"年月日"的形式标注。

"装瓶日"的错位

根据国内的相关规定，原瓶进口来的法国干红都必须注明"装瓶时间"。如果装瓶时间在"年份"的次年春天，说明培养时间短，不到半年就灌装封瓶上市了，口感清新明快，但也老得快——简而言之，就是在失掉新鲜果味之后，也不会转化出其他香味。

道理很容易理解：酒酿成后，培养期越久，花费的时间和人工成本就越多，如果一款酒底子不够好，酒庄不会浪费人力物力，不如早早装瓶发售，希望人们快快买走喝掉，即使久存也发展不出多少复杂香味。相反，先天素质好的酒值得花代价，价格也能叫高，可抵掉培养成本。如果装瓶时间已经在隔年的秋冬甚至下一年，说明培养期长，陈放能力更强，价格也更高。

有时，同一款酒的装瓶时间也可能略有间隔。

出于资金周转、商业原因或人力组织上的缘故，绝大多数酒庄不愿或是无法将同款酒一次装瓶。如果一款酒产量只有几百或几千瓶，或许会一次装瓶完毕。但若产量上万瓶或更多，又没有足够的订单催逼交货期，又何必一次性把大笔的包装成本花出去？

另外，绝非所有酒庄都"装备现代化，自动生产线齐全"，法国很多小型酒庄在装瓶季节里都要租借机器来用！但需求多供应少，机器若突发故障，剩余的酒就要至少等几天甚至几周才能装瓶。如果装瓶时间相差不到两月，口味不会差太多。

至于非年份干红，从生产批次编号上能知晓出厂时间。除去个别质优价高的可继续陈放，大多都不耐久存。法国超市里的绝大部分"Vin de Table（餐酒）"和一部分"Vin de Pays（地区级餐酒）"都是"非年份"，过了几年即使还有库存，也都会清理掉换上新货，看不懂编号也没必要担心。

"十年保质期"能保证什么？

为何进口干红都贴着"保质期十年"的标签？

绝对不能把葡萄酒与任何其他一种你已经熟识的饮料相提并论。"标准保质期"的说法，对红酒来说实在不对症。但是，葡萄酒进口到国内，根据中国的食品卫生法规，中文标签上又须写有保质期。"十年"一说，仅仅是取一个所谓"标准期限"，使进口程序合法而已。

不管什么价位、档次的红酒，从装瓶出厂开始，瓶中的香味、味道都会随时间慢慢起变化。若用"二分法"将红酒简单分为即饮型和耐存型，那么前者趁年轻时喝最好，后者便不着急开瓶，放些年会更好喝。但到底"几年"才算"耐存"？有的酒庄认为必得十年之上才堪此称，而将自己的酒谦称为"半耐存型"。

可以把一瓶酒的香气、口味想象成一个花果园。便宜的酒里面只种有一两种或两三种花果，比如"新酒"类型以及绝大部分"日常餐酒"，出厂时已经是花开到盛、果长到熟了，两三年后，即使保存条件再好，也怕是要花凋果落。

"耐存型"红酒在装瓶后会进入一个开放期，像园子里各种花果走向成熟。其他一些香气也会纷至沓来，有些香气则会逐渐退场。根据酒的情况不同，鼎盛期可持续几年、十数年、四五十年甚至更久。之后逐渐走下坡路，颜色随香气转淡，口感质地越加柔和，直至失去香味，不再能提供任何品尝快乐而被视为"凋败"。

各个阶段以及整个生命历程的长短，与葡萄品种、产地密不可分，因酒的质量、风格而异，不可能存在"一刀切"的保质期。在"伟大年份"里诞生的伟大红酒，十年，不过是它们精彩叠出的漫长一生中的开篇语而已。

"AOC"的保质期更长？

我们常常用地域特征由弱到强的顺序为质量排序，误认为凡AOC必定在各方面都高出一等。实际上，法定产区的主要意义是用具体指标规范地域性，并非判断质量、"保质期"的唯一证据。有很多酒品质平庸，甚至不如某些"日常"或"地区"耐存。也许能禁得住五六年消磨，但真要等上十年，怕是要一觉梦醒，花落纷纷。

如果一定要从产地级别上找个规律出来，只能说，总体来看，在每个大区内部，在有比较性的法定产区之间，级别越高，年份越好，酒的开放期以及后面各个阶段也相对越长。具体到每个产区而言，各方面综合素质确实会给出一个大概的形象。别说是同一个"AOC"，就是同一批次装瓶的同款酒，这瓶和那瓶也未必完全同步地成长、成熟、衰落。"某产区适合年轻饮用""某产区可存放4~8年""大年份中出产的本区红酒可陈放30~50年"等类似说法，不过是"大概"罢了。

"适饮期"与"更年期"

有些酒标上推荐了"适饮时间"，比如："可即饮，并且仍可存放5~8年"；"3年后开始进入适饮期，可存放15年"，等等。"5~8年""15年"，这是酿酒师对这款酒从葡萄采摘年份算起到开始走下坡路的估测时间，但并不代表从此就"变质"、不能喝了。

红酒的单宁若太紧涩，就是太年轻，还没进入"适饮期"；放得太久，就算湿度温度合宜，也终会凋萎。但阶段间的转化界限是不明确的，转变的速度和存放环境也有关系。每支酒的适饮期限，生产者即便在酒标上注明，也只是个建议。具体如何，还要看保管、看口味偏好、看配什么菜来喝。

从走下坡路开始直到香味尽散、凋败"死亡"，还有少则一两年多则四五年甚至更久的时间。若是底子好，进入这个阶段的酒未必一定"不再适饮"，只是比壮年时柔和许多，出现了老酒的特有味道，更适合耐心慢品，喜欢豪饮或浓郁口味的人也许会觉得不够劲儿。若是年轻时便素质平平，适饮期一过，凋败速度就较快，留不下太多遗韵可供凭吊。

红酒也有"更年期"

还有一些红酒很奇怪，大多出现在高端酒之中，年轻的时候艰深难懂，香气不灿烂、口感不馥郁，待慢慢开放，到了四五岁或七八岁的年纪，则变得很美妙，似乎已经完全进入"适饮期"。又过一段时间，它却忽然合上眼，打盹去了。如果不巧在此时开瓶，就会觉得它沉闷，毫无表现力。小睡一段，几个月或几年，眼睛又睁开了，它越变越美、成熟冶艳。这样跳跃的"适饮期"，即使是专家大师，也难以押对宝。

经验尚少时，不大可能有这样的敏感来体会到某些红酒如人一般的任性多变。但这正是红酒为我们保留的秘密与惊喜，存在于未知的探索旅途中。

当酒老了

红酒，几岁算老？一无法定年龄，二无科学计量。开了瓶，什么气味和味道算是"老酒"？还是经验说了算。差不了几岁的同代人，谁算老？先天素质，后天保养，个体基因，社会环境，生活阅历，气质修养……你懂的。用术语讲，就是葡萄种类、风土、年份、酿造工艺、酒精糖分酸度之间的比例、窖藏条件等的综合结果。

红酒与人，几多相像。老不老，要看"精神头儿"，"实际年龄"不重要。若味道饱满、活力十足，四十不惑也仍可说是少年；如若酒香无力、气若游丝，四五岁幼龄也是命悬一线。早熟老成者有之，老当益壮者有之，更有那耄耋之年仍神完气足，若不说破，只当是年华正茂。老酒到底好不好，归根结底要看是否健康地变老、成熟地变老、有风韵地变老。

或迟或晚，所有的酒都会从壮年开始衰败。便宜的多属早熟型，显老得快，即便清新如邻家之女，几年内也走上下坡路，香气渐散，味道不再诱人。倘使本就姿色不佳，更要趁年轻活力最充沛时喝掉。贵一些的往往发育迟缓，初时生涩，曲线

分明之态要慢慢长成，长成后则历久明艳。那些真正的顶尖名品，刚装瓶时极可能是荷苞幽闭不讨喜，却藏掩着国色天香。

如果你参观拉菲酒庄时尝到最新的年份，也许觉得不过如此。如果在国内喝到只有四五岁却很柔和乖巧的"大拉菲"，那倒十有八九是喝到了假酒。任何不满10岁的"五大"，到今天都还未学会媚眼如丝，不如去喝同年龄的中档酒，五六百元就能买个娇艳圆熟。当然，如果喝再好再贵的红酒都是一口闷，那也没必要在乎何时开瓶品鉴了。

红酒会不会变酸、变坏？当然会。但如同人得病，一定是遭到外部侵害所致。保养有方，老酒可以衰而不病。最令人惋惜的就是因为保养失当而未老先衰或染病早夭。人不吸烟、睡眠足、远离辛辣食物和紫外线，皮肤才能水嫩；酒需要避异味、避光照、避高温，要湿度足够，最好安静没有噪声，这样多年存放也不会变坏。

试看春残花渐落，便是红颜老死时。即使保存得当，但随时间推移，全盛期后由盛转衰，芬芳尽消，残存的味道不再引起愉悦感，就可以说一支酒"死"了。低端酒五六岁可能已经气息奄奄；中档酒二三十岁也许还有余韵；高层酒过了不惑之年仍可绵而不衰。若真是超级年份里的伟大作品，那就越老越有韵味了，用一位台湾著名酒评人的话："似乎可与时间做永恒的赛跑。"在名庄的地下酒窖里，当木塞老得快撑不住了，酒还稳稳地笑着说："下场吧，换个年轻的来，再陪我聊上30年……"

一瓶老酒，开瓶之前，好不好喝是未知的，稀有是一定的，名贵与否是相对的。全世界剩不了几瓶的名牌老酒，就算年份不佳、不再有任何饮用的快感，也会因其稀缺而价格惊人。一支82年份的无名酒牌，尽管够老也够稀缺，也许喝起来尚可圈可点，但价格还比不上那些"便宜拉菲"的一个零头。

年份影响着酒的先天素质。"艰难年份"出生的红酒的体能差一点，成熟得快也衰老得快些，在鼎盛的壮年期也缺几分坚实强健，价格也相对低些。而顶级庄在"顶级大年"里的出产，加上市场炒作，价格连翻倍都不止。

产地："十二大区"皆奇葩

将"法国红酒"按地域做第一步细分，便是"大区"——葡萄种植与酿造大区。

"波尔多红酒""勃艮第红酒""法南的红酒"……都是"大区"概念上的区分。各个大区内部的"法定产区"体系自成一套，同时受到中央统管。

法国"十二大"，区区有奇葩

法国的葡萄种植与酿造大区非按照行政地理的省份划分。像隆河大区、卢瓦尔河谷大区，就如同"黄河沿岸""长江流域"，地跨多省，但因葡萄酒文化的纽带而气韵贯通。以下"十二大"是一种比较通用的划分方式，也可细分到"十六大"，不在本书话题范围。

各个大区中，红酒的地位差异悬殊：

阿尔萨斯

在这个全法国最北的葡萄酒大区里，从产量到地位，干红都像陪衬白葡萄酒的绿叶。最基层的大区级"阿尔萨斯法定产区（Alsace AOC）"可以产黑皮诺红酒，更高级别的"阿尔萨斯特级园法定产区（Alsace Grand Cru AOC）"是专属白葡萄酒的，没有红酒的份儿。从1969年到现在，红葡萄酒的产量不断上升，但也不过从2%上升到10%罢了。

香槟

是的，"香槟"也产干红。Coteaux Champenois AOC（香槟丘）是唯一的红酒法定产区，产量低得连绿叶都算不上，只能算作地方特色。

普罗旺斯

干红本非主业，却有18个"列级庄"，最容易让外人一头雾水（请参阅CHAPTER IV的"普罗旺斯异数"）。

▲ 黑皮诺在勃艮第酒区里风头占尽，在阿尔萨斯就颇受冷落，"阿尔萨斯特级园法定产区"依然没有这个红色葡萄品种的份儿。不过，少数几家名庄一直在努力证明，黑皮诺在这个法国最北部的地区也能出产优秀的红酒

▲ 香槟区也产干红

勃艮第

勃艮第是最重要的红酒产地之一，法定产区编制极为复杂，包括好几个大区级、上百个村级、一级和特级法定产区，名称相似者如云。

"西南区"

并不存在大区一级的"大西南法定产区"，而是分为四大子产区，各区代表葡萄品种迥异。长期之内，只有7个平级身份的能出产干红的地区级法定产区，但近年来有好几个产区晋为AOP，还有一些加入IGP行列，可谓动静不小，的确是个值得多说两句的"大西南"。

最"一名多用"的法定产区在这里：Gaillac AOC（加亚克）可以用于八种类型的葡萄酒，包括干红、干白、新酒（即Primeur类型）、桃红、晚收甜白、气泡酒……完全不夸张地说，从工艺技术方面了解葡萄酒，没有比此处更能节省时间的去处了。

第一个列入法国"历史古迹"的葡萄园也在这里——要知道，通常都是些教堂呀、修道院呀什么的才会被选中，而这片老藤不仅是第一次入选的葡萄园，而且是第一次入选的"活物"：刚刚获批为AOC的圣蒙丘（Côtes de Saint-Mont）产区里，有一片种植于190年前的古老品种，总共超过20个，其中一些人们到现在也没搞清到底是什么品种（就算是这样，酒庄已经对它们兢兢业业不问利益地照顾了八代人之久）。虽然这片老葡萄所处的风土条件平庸、酒质平平，但如果你对生物多样性和基因适应性、对根瘤蚜时期之前葡萄种植方式感到好奇，哪怕仅仅是想在那些真的堪比"树"的葡萄老藤前拍照……这600棵老藤足以留客。

卢瓦河谷

整条流域从东到西划出四个分区，各自内部平级产区众多，极有大家庭感觉，其中有多个红酒产区，但代表红葡萄品种的只有品丽珠与黑皮诺。

波尔多

绝大部分产区都能拿到等级高低不同的AOC，可谓"升学率"最高的大区。可是，这里还有个幽灵……Néac与Lalande de Pomerol原本是波尔多右岸名区Pomerol附近的两个法定产区。1954年颁布了一条新法令，允许Néac贴Lalande-de-pomerol的名字。Lalande de Pomerol的风土条件虽然远远不及Pomerol，但得益于

▲ Néac法定产区早就被遗忘在历史的故纸堆中，让位于名字响亮的Lalande de Pomerol

名字取得好，常被认为是"便宜点的Pomerol"。Néac的土壤结构与Pomerol极为相似，但这个名字一点都不响亮，实在影响销售。新的法令一颁布，酒农们自然知道如何选择，所有姓N的葡萄酒从此都改姓了L。

2009年起，欧盟打算统一部署葡萄酒管理规则，各国自己的制度要想被总部承认，都得修改更新。Néac产区的那套条文没有人理睬，这个不甘心被人遗忘的幽灵也终于自动消失了。

薄若莱

最矛盾的存在感。"薄若莱新酒"风头将其余盖住，不知是喜是悲。地理位置身处其中的10个最高等级的园区级（Cru）法定产区，还总想从名分上归到勃艮第酒区中，而且居然也最终获得了官方许可。

隆河谷

分得最明白却也最能"混"——内部分为南北两区，北区的法定产区不少，但法定红葡萄只有西拉子（Shiraz）葡萄，而南区就像个大拼盘，最常见的三种红葡萄常被合并简称为GSM，即Grenach（歌海娜）、Shiraz（西拉子）与Mourvèdre（慕

▲薄若莱酒区曾因"薄若莱新酒"名声大噪，但"新酒"之势头早已江河日下。11月，木柴和温暖的灯光里，"Beaujolais Nouveau est arrivé！（薄若莱新酒来了！）"的木牌显得孤零零

合怀特）。在最老牌的"教皇新堡产区"里，法定出十来种红葡萄还不算，居然连白葡萄也能合法地往干红里面调。

朗格多克—鲁西荣

地方行业协会推举出一批地区级AOC，向INAO申请"Grand Vin"和"Grand Cru"两个更高级别的认证却遭拒，目前众产区只得继续保持平级关系，有点郁闷。不过，Terrasses du Larzac于2014年新晋AOC，给这个南部广袤酒区的整体形象往上提升了一些。

汝哈和萨瓦

虽然当地人绝不会将这两个区一并提起，但对外地人来说，它们显得最生僻神秘，而且地理位置很靠近，一同提及也不能算是罪过。这是靠近瑞士边境的两个省份，考古时居然发现过葡萄种子化石！这里不仅有汝哈黄酒，同样也有三四个产区出红酒……

科西嘉

阳光下的美丽岛，花岗岩中偏远待识的土著品种……

大区不同，编制大不同

几百个法定产区分属于不同的产酒大区，每个大区内部的AOC编制都各有特色，无论是产区数量还是分区结构，差异都非常大。比如波尔多和勃艮第这两个葡萄酒大区里都有着复杂的"套娃"结构，具体格局却迥然有别。

▲ Saint-Julien是波尔多的一个村级法定产区名称，它的"外层套娃"是"Médoc"法定产区

在波尔多，大区级法定产区是最基层的外壳，内部又划分出名堂繁多的"子产区"和"村级产区"。而勃艮第的"大区级"法定产区就有好几个，除了名目繁多的"子产区""村级产区"，还有地位极为独特的30余个"特级园"产区。到了西南葡萄酒大区，却既没有"大区级"也没有"村级"，而只有7个平级的"子产区"……只有在同一个葡萄酒大区内部，才可以评论、比较产区和产区之间的级别关系。

如果"套娃"结构非常复杂，不仅分内外层，而且内部还划分出不同的"格"，形成不同的包含关系，那么只有在一组大小嵌套的"套娃组"之中，方可说高等级AOC的平均质量高于低等级AOC。

AOC的"降级原则"就是依照"嵌套关系"来执行的，比如某款新酒没达到村级的"Pauillac AOC"的技术规范，可以申请降为子产区级的"梅多克AOC"或基层的"波尔多AOC"，但不能申请降为子产区级的"格拉夫AOC"，因为Pauillac与Graves（格拉夫）两个法定产区之间没有包含关系。

级别：看懂"三级"不轻松

少数民族几千年聚居，文化特色无须官定。各个产区种葡萄酿酒的风土特色虽是历史地理与人合力书写的，但AOC仅仅是20世纪30年代才正式确立的名分。

从1968年出现以来到2009年的40多年间，VDP一直是法国特有的一个葡萄酒族群，中文常译作"地区餐酒"。有人说，VDP是低廉的法国"乡村酒"。可又有哪支高贵的名酒是出自城市呢？

实力选手们晋级之后剩下的那些，在2011年欧盟葡萄酒新政实施之前的数十年里，只能叫Vin（葡萄酒）de Table（餐桌），就像没有家乡的人，得不到什么尊敬。但这真的是一个没有希望的族群吗？

法国葡萄酒的"三级制度"绝非一夜之间从无到有。不了解历史内涵，就难免被价格和名气的浮云所障眼。

AOC（法定原产区）

AOC是本厚厚的"百家姓"。

法国有很多种葡萄酿酒的地方，其中有一部分的地理风土条件尤为优越，经过政府组织的土壤考察分析并综合气候特征，被划分成几百个"法定原产区"。其中的"产区"，就是AOC中的字母A所代表的"Appellation"。

这几百个产区，每一个都有清晰的地理界线以及属于自己的名字。O就是这一"根源、原本"的统称：Origine。

在研究最后一个字母C之前，先回顾一下AOC制度的源起。

历史书写的"百家姓"

1855年拿破仑三世公布第一张官方"列级庄榜单"之时，离"法定产区制度"出炉还远得很。这张榜单梳理的只是波尔多内部的梅多克地区中的纷纭酒事，选出的仅是沧海酒中的一滴。放眼全国，还有10余个酿酒大区，什么葡萄品种最适合栽在何处？为何这片地出的酒比那边的贵？不久之后，根瘤蚜虫病害又迫使全国葡萄园擦去历史、改写新篇，但缺少法规来制定方圆，到了20世纪初已经天下大乱。

又经历了30年，东南方出了真正的领袖，促使农业部通过立法。在距波尔多500百公里的隆河谷地中，在躲避罗马教廷纷争的教皇克雷蒙五世曾久居过的阿维农市近郊，成立了法定原产地总指挥部INAO（最初叫CNAO），确定了第一个法定产区Châteauneuf-du-pape（教皇新堡）。AOC制度自此正式拉开帷幕。

AOC制度着眼于全国。最初由总部规范标准、硬性划界，后来演变成由每个产酒大区里的地方组织申报。80年来，从无到有，从少到多，直至今天的厚厚"百家姓"——葡萄酒法定产区总数超过350个，其中有近200个可以出产干红。

有的产区专名专用，见名即知干甜、知类型、知道主要的葡萄品种……但更多的法定产区"一名多用"，可产干白、干红甚至桃红多种类型，单从产区名字上无从辨别颜色，可能是三色中任何一种。

▲ 隆河从阿维农小城附近静静流过，沿岸的葡萄园是最寻常的自然风光

重"产"而轻"政"

　　和"地区"含义不同，"产区"的重音在"产"。所以Appellation的版图上只论葡萄不谈行政。波尔多是城市名称，但一旦用于产区的语境，就算是住在市中心，也不能用自家种的葡萄来酿"波尔多干红"，因为你家花园没有归到叫Bordeaux的Appellation中！

　　有一些土地，符合国家组织对土壤构成的分析，被归在某某法定产区内部，但由于各种原因尚未辟为葡萄园。有时候因为市场需求增大，某些产区的种植面积在几年间有较大的变化，并非是因为产区本身扩大了，而是更多的空地被种上了葡萄。

"被检查过的"

AOC又被译为"原产地命名控制"，"控制"是从被动态的Contrôlée翻译而来的。但这个解释不够准确。法语中，火车上列车员来"检票"用的是同一个动词，Contrôler。所以，AOC的更准确含义是：经过"检查、核实过（达到标准）"的原产地。

一瓶酒出自"波尔多产区"划定的地理范围内部，并不意味着它生下来就是波尔多AOC的级别。反过来说，一瓶波尔多AOC葡萄酒，一定是生在这个叫作波尔多的Appellation里，而且顺利经过了关口"C"的盘查。

需要检查、核实些什么呢？

首先是地域界线和本区内所有可以使用的葡萄种类——也就是说，每个法定产区的名字中已经暗含了法定葡萄种类，因此无须再在酒标上额外注明——接下来，还有栽种行间距、剪枝方式、芽眼个数、最高产量、是否必须手工采摘、糖分含量是否达到最低酒精度的要求、酿造和新酒培养的技术规范……这些是技术标准方面有章可循的、有文字数据可依托的。酒酿成后，还有品尝方面的、未必成文的、由感官经验为标准的检查、核实与授权。

二三百个法定产区，各自都有地方规矩：

· 出生在至少一个法定产区内；
· 出生前后都经过"核实、检查"。

一款酒只有符合以上两个条件，才能获准使用该法定产区的称号，才能在酒标上写：Appellation+产区名称+Contrôlée。

所以，即便知道一瓶酒是AOC级，但不晓得A的原名"O"是什么，也就不知道它到底来自哪里。报出了O，也就搞清楚它是戴新疆的花帽还是系傣家的筒裙了。至于相貌丑俊，那是另一码事，不要想一揽子搞清楚。

降级原则

每年收成后，酒庄要向所在大产区的专门机构申报产量、种类等一系列信息，并说明将要酿造几款酒、分别属于哪个级别哪个产区。酒酿成后，官方来抽检样品，若经过品尝分析之后被认为不像"当地人"，就只能降级重新申报。基本原则如下：

·如果下面有低一级的AOC，而且与上级之间属于"包含"关系，才可以按此级别重新申报；

·如果下面没有更低一级的AOC来"接着"，便只能降为VDP或直接降为VDT。

核心精神

AOC级别不是质量的绝对指标，更不是一定合你口味的保证。即使你觉得这一瓶酒真不错，也未必喜欢它所有的同籍贯兄弟姐妹。而且有些高等级AOC未必贵过低等级，就像个别VDP甚至VDT居然能卖出二位数价格，看似不合逻辑，但就像大学毕业未必能找到好工作，而别具奇才的人也能扬名立万一样。

从Hachette出版的《法国葡萄酒词典》（*Dictionnaire des-Vins de France*）中随意选择一个法定产区，抄取介绍文字如下：

AOC Mazis-Chambertin
分级：特级园（Grand Cru）
颜色：红
面积：91000~93400平方米
产量：335百升

Mazis-Chambertin位于著名的Clos-de-bèze北面，这一名称最早出现在1420年，因彼时山丘上的粗陋农舍（masure）而得名。此地土壤层极薄，但出产的葡萄酒既浓郁有力又富于层次，（在勃艮第）可谓无出其二。

上段文字中提到的Clos-de-bèze是另一个著名的勃艮第特级园法定产区，面积也仅有15万平方千米而已，与Mazis-Chambertin毗邻，但却分为两个产区。同为特级园、同为响当当了几百年的红酒产地，要区分的当然不再是质量的高下，而是土壤构成的差异带来的风味特征。

这"风味"与"特征",仪器难于测量,口鼻却可立判,它是无数爱酒人津津乐道甚至会穷其一生而追寻的趣味,也是法定产区级别的核心精神:保护地方特色。

AOC制度着眼的是风土条件与葡萄种植酿造所共同打造的地方特色,并不对酒庄或酒款本身搞评级。哪些酒庄是业界翘楚,哪些酒款味美香浓,有各种各样的排行榜可供参考。

法定产区的起名法

大部分法定产区名号取自本区内的主要地名,但区内的其他要素也能任职。比如用地名+葡萄品种联合命名的Anjou Gamay,比如当地的标志性建筑Moulin à Vent(薄若莱地区的一个村级法定产区名称)。有的产区和某片葡萄园同名——这对二者来说都是个殊荣。

▲ Moulin à Vent(风车磨坊)是个典型的用"地标性建筑"命名的法定产区

按理说,法定产区的名字应该是"中性"的,但有那么几个总透着点贬义,比如Bourgogne Passetoutgrain。Bourgogne指示出身勃艮第没错,但这个"Passe(通过)tout(所有)grain(葡萄粒)"的"合体词"就顿时把形象拉下一截来。通常提到勃艮第红酒,都是骄傲的黑皮诺,但用这个产区名号的酒并非纯血的"黑",而有相当一部分的佳美葡萄在里边,并且还要把二者混

▲ Bourgogne Passetoutgrain这个法定产区有时被直接音译为让人摸不着头脑的"勃艮第帕斯图安"

起来一同发酵，而不是先分开酿造等最后再混调。佳美在当地不是"贵族品种"，所以情有可原。

有3个干红产区的名号里带着"高级"字眼，这就是"优级波尔多""优级薄若莱"和"圣爱米浓名庄级"。但它们的地理版图分别与"普通级"的"波尔多""薄若莱"与"圣爱米浓"三个产区重叠，而并非其中的"高级地块"。以"波尔多"为例：

波尔多这片地区出的葡萄酒几乎全都是AOC级，是因为整个种植区里绝大部分风土条件都不错，特别适合栽种某几个葡萄品种；之所以其中一多半仅是Bordeaux AOC，是因为大部分地块条件并非特别出色，纵使特别精耕细作，也出不了顶尖的好酒，禁不起动辄二三十年的存放，但存个三四年毫无问题，大家都用Bordeaux AOC的名字已经足够。如果不甘与邻家平起平坐，还是可以更上层楼的，比如缩小葡萄行间距、继续降低产量、等葡萄达到成熟巅峰甚至过熟时再开始采收、新酒培养期延长……以期令口感更浓郁，每年收成后，就可申请"AOC Supérieur Bordeaux（优级波尔多）"，平均零售价也上一个层次。波尔多虽然也是个最基层的法定产区，但好像正副科级，"优级波尔多"与"普通级波尔多"的区别还是不小。

VDP（地区级别）

V代表Vin。

D是de，与中文读音差不多，意思也一致，就是"的"。

P呢？

温暖的"故乡"

字典上，Pays的第一个含义是"国家"，此外还有"地区""乡村""小城镇"之意，同时，它还意味着老家，意味着故乡。相对于2011年欧盟葡萄酒新政实施后叫起来的冷冰冰的新名字"Indication Géographique Protégée（受保护的地理标示级别）"，Pays要温暖得多。

也有名字也分级

20世纪30年代，AOC制度的新时代拉开序幕。随着时间推进，一个个"法定产区"被陆续划定，总面积慢慢拓展，但在法国偌大葡萄酒版图上，那些条件不那么优越的地区仍处于松散的编制中。是否可以从中选拔一部分出来、写明具体的地域？到了60年代末，终于增加了VDP的新编制。

从宽松的观点来看，Pays的本质当然也是"法定原产地"。如同AOC的发展一样，产区数量在一定时期内增长很快，也有个别产区合并或改名，现在已经基本稳定下来，VDP的队伍也经历了不同的时期，到了欧盟新政前夕，共有152个Pays，产量占法国葡萄酒总产量的25%~30%。

每个"A"都有个名字，每个"P"也一样。A分级别，P也同样。等级从低到高，分为regional、departmental、local，即"地区""省"和"地方"三个级别。

面积最为辽阔的是"地区"一级，共有6个，各自属于一个产酒大区：

· Vin de Pays d'Oc（奥克地区）属Languedoc-Roussillon（朗格多克—鲁西荣大区）；

· Vin de Pays du Val de Loire（卢瓦河谷地区，原名Vin de Pays du Jardinde France）属卢瓦尔大区；

· Vin de Pays des Comtés Rhodaniens（隆河伯爵领地）属隆河谷葡萄酒大区；

· Vin de Pays de Méditerranée（地中海地区）涵盖了普罗旺斯与科西嘉葡萄酒大区；

· Vin de Pays du Comté Tolosan（托洛桑伯爵领地）属西南葡萄酒大区；

· Vin de Pays de l'Atlantique（大西洋产区），覆盖了包括波尔多在内的周边地区。

AOC体系里，通常是级别越高，越被酒客如数家珍。但VDP低一等，情形不太一样。最高级别是"地方"级，数量多，名称又大都生僻难记。最诡异的是，它们有的面积很小，有的却比好几个省份加起来都要大，让推广者们都不太容易自圆其说。但对于销售而言，VDP的意义不可谓不大。2006年以前，波尔多大区里的葡萄酒若达不到最基层的法定产区Bordeaux AOC级别，只能直接降级为"日常餐酒"。

◀ "Collines Rhodaniens"是"地方"一级的"地区级别"

"大西洋产区"定名之后，便可以在中间"过渡"一下，不至于一下从声名赫赫的云端跌到无名谷底！

"地区"变少了

2009年开始，欧盟新政开始实行，法国原有的这些Pays要想获得新体系的认可，必须在2011年底向布鲁塞尔递交申请材料，从产区地域划分、葡萄品种、栽种和酿造特色等质量规章方面为自己辩护，还要阐明产酒与地理特征之间为何有足够的联系。大家对是否保持独立身份的想法不一，152个pays之中，只有75个递交了申请材料。所以2012年以后，地区级别中的"pays"数量只剩下一半。

"地区"里的纪律与规矩

VDP有点像"组织纪律性"宽松一些的AOC。

· 也有"法定葡萄品种"，但可以"花"一些。比如，有56个葡萄品种可以出产奥克地区葡萄酒！

· 亩产量可以高一些。

· 采收方面，潜在的最低酒精度可以低一些（也就是说葡萄原料的成熟度可以差一点）。

· 酿造技术宽松些，比如二氧化硫的总含量可以多一点。

和AOC一样，VDP也要经过分析和品尝的核准才能过关，只是名字里不使用"Contrôlée"这个词而已。

这个级别还有个死规矩：即使酒庄名称叫"Château"，即使是"酒庄装瓶"，酒名中也不能出现Château一词，不能写Mis en Bouteille "au Château"，而要用其他书写方式。

关于"优良的地区"

欧盟新政已将法国旧标中的AOVDQS（优良地区级）彻底取消，本书仅在此作简要解释：

60多年来，VDP覆盖下的内部某片小区若有志独立出来、晋升为AOC级，必须先提拔为AOVDQS并经一段观察期。酒标上一律写有：Appellation d'Origine Vin délimité de Qualité Supérieure。

表现优异的都先后成了AOC，"优良"只剩下10余个，处于察看期不上不下，产量也不到法国葡萄酒总量的1%。是继续申请晋级还是退一步做VDP，为数不多的AOVDQS们都要慎重考虑。晋级的最大好处是价格可上一等，但限产规定将更严格。退一步也并非没好处，葡萄品种的选择上自由更大，限产规定将放宽，酿造设备的硬件投资压力也随之减轻。

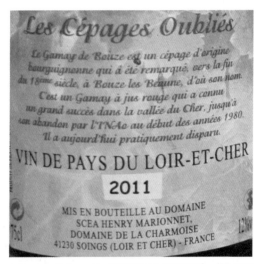

▲ Gamay de Bouze是一种果肉发红的"染色葡萄"，禁入AOC圈子，但遇到天时地利与人和，一样能以VDP的身份显示实力。Cépage Oublié意为"被遗忘的葡萄品种"

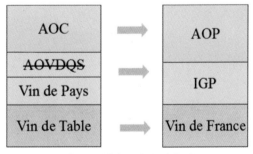

▲ 法国葡萄酒的"四级制度"在欧盟新政后变为三级

"地区"里的牌局

　　大部分消费者熟识的法定原产地也就那么十几个，谁还有心去记VDP的"家乡"？所以，法国酒商会把VDP级别的散酒作为主要收购对象，调配后贴牌出售，走产量高、价格平、质量稳的路线，大都进超市，乃普通家庭或寻常饭局之爱。不过，也有少数几个VDP后来者居上，甚至比80年前诞生的一些AOC都知名，"奥克地区"就是一个值得玩味的例子。

▲ 奥克地区的"单品种类型"葡萄酒是张好牌

Vin de Pays d'Oc在1987年才获得国家认可，而且只是个大区级别的VDP，但现在已经成为最成功的"集体性品牌"。创始人借鉴了美国人主推"葡萄品种"的策略，从一开始就把"奥克地区"打造成"单一品种类型葡萄酒"的百花齐放之地。这是个聪明的点子，因为这里的法定葡萄品种足有几十种，赤霞珠、美乐、西拉、黑皮诺等"国际流行品种"几乎全都在内。本区里的大大小小的酒农和酒商将近3000家，若是搞混酿、各自出牌，恐怕得乱作一团。如今，法国VDP级别葡萄酒总产量的60%、"单一品种葡萄酒类别"总产量的92%都来自这里！可谓产区出名、全体受益的典范。

VDT（日常餐酒）

"日常餐酒"并非"级别"。只是实力选手们晋级之后剩下的这些，长期以来只能叫Vin（葡萄酒）de Table（餐桌），就像一个没有家乡的人，得不到什么尊敬。

"桌上"只谈祖国

2009年8月之前，"餐酒"的酒标上也根本不允许标注葡萄品种和年份，这主要是为了保护AOC和VDP的市场。但年轻一代消费者对这两条信息又非常关注，法规也终于松动了一大块，只是规定"如果标注年份/品种，那么原料中属于该年份收成/该品种的葡萄比例不得低于总含量的85%"。

另一个重要改变是，从2011年起，应欧盟要求，这个族群改称"Vins de France（法国葡萄酒）"。这个"不标注产区地理名称"的葡萄酒族群，从此把"祖国"随身携带。

▲ "法国葡萄酒，健康、快乐、希望"。这张1937年的宣传海报上，"VINS DE FRANCE"是对"法国葡萄酒"的泛指

"日常"里的自由

VDT原料可以来自法国任何地方，工艺标准也宽松得多。这样的自由氛围下，纪律难免松懈。绝大多数的VDT中不知混调了多少个地区、多少片园里收成不佳、品种平庸的葡萄，酿出来就为了喝掉，没有任何陈年资质升值潜力。单独喝口味平平，配餐至少能解腻，被称为"餐酒"倒也名副其实。

另外，极少数天才严于律己，自由施展拳脚玩出了花活，用被"制度"禁止的品种酿出了鹤立鸡群的好酒。榜样力量无穷，追随者的队伍逐渐壮大。明明身在法定产区内，酿出酒来各方面也符合AOC标准，却主动放弃申请认证，甘愿以"日常"身份登台，单凭好身手来赢得喝彩，售价也绝不低廉，不得不让人摘掉有色眼镜。

近几年，法定产区类葡萄酒的整体形象与价格都不如以前，而"餐酒"的价格却有微弱上升，特别是"单一葡萄品种"类别。这样看来，虽然是分级制度中的末席，核心却未必是"低廉"，而是"自由"。

"装瓶者"："酒庄装瓶"的核心

有种说法是，要在酒标上寻找到"Mis en Bouteille au Château（酒庄装瓶）"这句话，方能证明是"酒庄酒"。若写作别样，那就是酒商的贴牌酒。真的如此吗？"酒庄装瓶"和品质之间又真的如此生死与共吗？

"酒庄装瓶"的发展简史

一瓶酒的孕育出生，从葡萄园收获开始，一直到包装工序全部结束，可粗略划分出以下5个阶段：

· 葡萄收成；

· 酿造（即葡萄汁发酵变成酒的过程）；

· 对新酿成的基酒的培养与调配（培养与调配的顺序可互换，不同的酿酒师各有主张）；

▲ 这种形状的竹篮是勃艮第酒农使用的传统版本之一　　▲ 发酵中的葡萄汁　　▲ 发酵结束的新酒要经历培养阶段。橡木桶是"培养场所"之一

▲ 装瓶前对空瓶的质检　　▲ 装瓶、贴标与装箱

▲ 在实力雄厚的酒庄，包装工序非常复杂　　▲ 从前的"封瓶机"

· 入瓶、封口；

· 贴标。

其中，前3步是一瓶酒的"制作"阶段。如果从葡萄原料一直到入瓶封口都没有离开酒庄辖区，那么就是在"酒庄装瓶"的"酒庄酒"。整个过程看似顺理成章，倒退90年，却是一桩革命。

直到18世纪初，几乎所有运往英国的波尔多葡萄酒都是装在大桶里，"产地"标在桶上，根本没有"酒标"的概念。酒桶运到岸之后，由当地酒商接管，根据具体情况或者继续培养或调配，或者立刻分装入瓶。

那是玻璃制造业从无到有的时代，因为最初的玻璃瓶的化学性质不够稳定，甚至有法令禁止用木桶以外的容器装酒运输。在这样的历史背景下，"酒庄装瓶"是绝无可能也绝无必要的。

后来的玻璃瓶质量越来越好，装瓶之后再长途水路运输也不会出问题。但受技术水平和资金限制，大多数酒农根本没有条件，也没有需求自己装瓶。酒农把新酒酿好后，直接销售给酒商。酒商买来散酒后，自己来做"培养"、混调以及装瓶，贴的当然是自家公司的标。

1924年，"木桐堡"当时的主人菲利浦·罗斯柴尔德男爵（和买下拉菲堡的另一位男爵是同一祖宗）率先对全部葡萄收成负责到底。葡萄汁发酵结束后，他并不急着卖出换钱，而是继续投资，自行对新酒进行培养，待最后的调配工作结束后，从大桶中分装入瓶，并在酒标上打出"Mis en Bouteille au Château（酒庄装瓶）"的字样。

▲ 1924年，罗斯柴尔德木桐堡的酒庄里发生了"革命"

貌似简单的几个字眼，传达的信息却无比重要：这瓶酒从孕育到出生的全部过程——葡萄园里的农活、收成、酿造间里的工作、新酒培养、装瓶前的准备以及装瓶本身，这所有一切，"酒庄"是唯一的责任人。在那个酒商权利如日中天的时代，这堪称革命性举措。从此，大小酒庄纷纷仿效。

酒商也得懂技术

　　酒商也分三六九等，并非都有资质或能力来培养新酒。有些酒商仅能做单纯的葡萄酒贸易，不能染指"制作"；还有些酒商同时拥有酿造和新酒培养设备。

　　如果酒商从酒庄处买来的是新酿成的基酒，这样的酒只能算是半成品，不是真正的能上架销售的"商品酒"。不论是否与其他来源的基酒混调，酒商都得对它们

▲ NEGOCIANT ELEVEUR，这家酒商+"新酒培养者"担负的责任可不仅仅是装瓶贴标那么简单的事

做"培养"工作。确定培养方式、培养时间的长短，都是重要的技术性内容。酒标上若见到"Négociant-Eleveur"（酒商+"新酒培养者"）字眼，就说明了这家酒商担负的责任可不仅仅是装瓶贴标那么简单的事情。

法国各个产酒大区中，都有Négociant-Eleveur。比如勃艮第，这个地区虽是酒农传统精神的代表，但酒商们的地位也极为重要。当地大部分酒农只拥有面积极小的葡萄园，自己并不会经历所有阶段，而是中途便将责任移交给酒商。很多酒商口碑好，葡萄或散酒的收购标准也相当高，加上精湛的"后期制作"，产酒质量稳定、水准不低。

90年前，"酒庄装瓶"能提供的最大保证是不被酒商掺假。但当越来越多的酒庄都自己具备了装瓶能力，特别是随着20世纪30年代确立起法定原产地制度至今，"假"早已经不再是酒客们的核心忧虑，"酒商装瓶"与"酒庄装瓶"的核心差异与其说是品质的高低，倒不如说是特色的多少。

"酒庄装瓶"的不同写法

Château不是"酒庄"的唯一叫法，"酒庄装瓶"也有若干种写法。

"酒庄装瓶"	黑体字含义	什么"酒庄"可以使用	哪个级别的酒可以使用	包装条件
Mis en Bouteille au **Domaine**	酒庄	本质意义都是一样的，但在具体使用中受习惯和级别等制约与影响	VDP、AOVDQS和AOC级别都可以使用。也常见VDT使用	"盒中袋"、易拉罐不是"瓶"，因此不能用"Mis en Bouteille…"，而要用"Conditionné"（"包装"之意）。"装瓶"也好，"包装"也好，都不是质量高低的代名词
Mis en Bouteille à la **Propriété**	酒庄或酒农合作社			
Mis en Bouteille au **Château**	酒庄		法定产区级别	

88

一旦理解"酒庄装瓶"的真正含义，就会理解各种用词不同但含义一致的写法。比如酒庄名字中带有"Domaine"，"装瓶者"写成à la Propriété有什么不可以？你也会见到名字是Clos，却写着Mis en Bouteille au Château的酒标，毕竟"酒庄"的本质没有变！

▲ "Mis en bouteille au MAS…" MAS是法国南部对"酒庄"的称呼，其他地区罕用

▲ "酒庄装瓶"真的没有传说中的"标准写法"。"MIS EN BOUTEILLE PAR LA SCEA CHATEAU PUECH-HAUT"这长长一段文字的意思是"由CHATEAU PUECH-HAUT农业公司装瓶"

有些酒庄主根本不在乎用什么"标准格式"，比如Mis en Bouteille后面并没有Château、Domaine等"酒庄"，却写着"Par 某某 PROPRIETAIRE-RECOLTANT"。这个Par（"被""由"的意思）容易教人误以为是酒商装瓶的贴牌酒，但其实PROPRIETAIRE-RECOLTANT就是"酒庄主"之意，所以也是百分百的"酒庄装瓶"。

合作社也可以"酒庄装瓶"

有一种组织叫酒农合作社。与酒商不同，它的身份属于"农"。合作社与当地酒农之间的具体"合作方式"很多样，大概可分为两大类，但都属于"在酒庄装瓶"。

第一类，社员们各自把自家地里收成运来、使用集体的设备来产酒、灌装并贴标销售，而且各家从头到尾都互不混淆。这样，对每户"社员"而言，相当于经历了制作一瓶酒的全部阶段，酒名儿里可以正大光明地加上自家Domaine的名称。

第二类，如果合作社自己把社员们的收成混调起来产酒、封装，无论是给酒起名还是标注"酒庄装瓶"，都不能再用Domaine和Château这样仅限于真正的"酒庄"使用的字眼。Propriété一词的含义比较宽泛，可以将酒农合作社"合作"进去。

酒庄与酒商间的"灰色地带"

Mis en Bouteille au Château通常翻译为"酒庄装瓶"。但为了避免任何理解上的歧义，还是要多加个"在"字——"在酒庄装瓶"才是关键，而不是"由"酒庄装瓶。

法律要求标注的"装瓶者"并非指谁来操作机器灌装，而是谁有权利决定装瓶的时间和地点，并将封装好的酒置于自己名下销售。所以装瓶的实际地点和"装瓶者"的地点未必一致。"在酒庄装瓶"的酒未必一定"由酒庄"装瓶，更未必是"为了"酒庄装瓶。把这句绕口令读懂，酒标阅读"通关"也就到了最高级。

以下两种写法看起来差不多，但有重要区别。

Mis en bouteille à la propriété par viticulteur + 酒农名字（由某酒庄装瓶）à 酒农地址 distribué par négociant + 酒商名字（由酒某商销售）à 酒商地址

意为：酒庄将自己酿造调配好的瓶装酒直接卖给某酒商。

Mis en bouteille à la propriété par viticulteur + 酒庄名字（由某酒庄装瓶）à 酒庄地址 pour négociant + 酒商名字（为某酒商）à 酒商地址

意为：由某酒庄为某酒商在酒庄装瓶。

看到了propriété或viticulteur其中任何一词，已经可以确认这两种都是"酒庄酒"。但前者有着"distribué（销售）"一词，暗示了酒商只负责买卖，并不决定或参与任何工艺环节。而后者的情况可能是这样的：这家酒商在"装瓶"之前已经介入新酒培养工作，甚至在酿造期间或葡萄收成时候就已经"下了订单"，并根据自己的销售需求来对工艺细节提出某些要求，因此装瓶后的酒更多地体现出酒商的风格。

下面一种写法说明酒商在"入瓶、封口"阶段参与进来，委托做装瓶服务的公司去酒庄干活。"酒庄装瓶"的核心条件并未违背，只是写法变得复杂些。

Mis en bouteille à la propriété（1）à 酒庄地址 par négociant（酒商名字）（2）à 酒商地址

意为：该瓶酒由某酒商负责（2）在某酒庄（1）进行装瓶。

所以，一瓶"酒商酒"的实质也有可能是"酒庄酒"。了解到二者之间的这一"灰色地带"，才能更好地理解葡萄酒的"商家"或"农家"出身的内涵，并在评论质量时作出最客观的分析判断。

"商"与"农"之间的真正泾渭其实并不在于谁是"装瓶者"，而在于能不能"混"。如果麾下有好几家酒庄，想对它们的葡萄收成或散酒进行混调，当然可以，但必须单独成立酒商公司，自己和自己做一番"转手买卖"才可以。混调出来的酒就算质量再好，对不起，也失去了"酒庄酒"的资格——除非酒庄之间对葡萄园进行买卖，从土地层面上改变所有权关系。

身份隐蔽的装瓶者

还有一位"装瓶者"身份隐蔽。

"Mis en bouteille dans la région de production（在生产地区内装瓶）"加上地区代码，这种语焉不详的指示往往意味着酒庄或酒商将酒运到本地区（行政概念、没有"产区"意义）内的服务商处灌装，绝少见于中高档酒，但若凭此便断定质量低劣也不免轻率。

装瓶者与酒本身质量档次之间，确实有那么一层关系，可各自深浅到什么程度，也并不能轻下断言。

| 健康问诊

一瓶酒是否曾经长时间旅行、是否曾几经转手？以前的买家是谁？

如果从店家得不到太多信息，就让这瓶酒自己来说话吧。

如果生命旅程中曾受到过不可挽回的伤害，它会通过某种语言告诉你的。

酒标品相：酒标破，心也残？

在拍卖会上，酒标品相的确很重要。若残破不全，可能卖不到市值的一半。如从信誉很好的酒商处购买，也可不必太注重酒标品相。酒商购来多年，一直在潮湿环境下保存，并未对瓶身加以"裹上保鲜膜"之类的特殊保护，酒标很难完好如初。但若只对绿锈斑驳的"潘家园制造"爱不释手，而又不了解老酒行情，只图便宜，就不要怪造假做旧的人下狠手了。

无论新酒老酒，如若酒已转手多次，酒标在旅行中被严重磨损，此时要担忧的是酒本身是否受到过伤害。在对酒的来源不甚明了的情况下，卖家的信誉非常重要。

外行人对簇新锃亮的嘉庆官窑定然起疑，在国外店中见到酒标完好的20世纪初名酒，搞不明白来历就不要出手。其实，酒庄在自家酒窖中往往存放有"光瓶"的老年份酒。等签了买家，才贴上酒标出库。另种可能是酒商将酒送回庄家做了换装。

木塞位置：为何木塞会"跑路"？

如果酒瓶顶部有显著的突起，几乎能肯定：酒受过高热。塞子被顶出来一部分，密封不严，酒十有八九已经氧化变质。就算上一分钟刚刚受到高热，酒质也已经受损，即使尚能饮用，存放价值已经全无，价格再诱人也不要买。

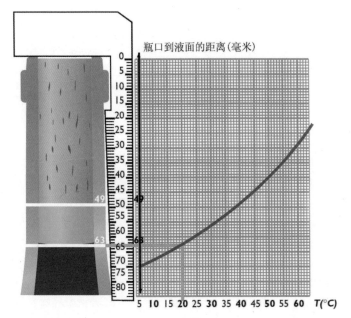

▲ 液面高度和温度的关系图。随着温度升高，红酒体积膨胀明显，所以在高温下存储会有漏酒之忧

有家进口商12月份进了一柜法国红酒。酒到口岸，却发现瓶塞被顶出一截。航路上都是冷天气呀，到底在哪里遇到高温了呢？

新酒入瓶封装后，除非使用金属螺旋盖，否则大都需要至少24小时的直立静置，才可装箱运输。因为在装瓶时，塞子要被机器挤压变细后再压进瓶口。如果不给它留出足够时间回胀、贴紧瓶口，在液体的不断撞击和被压缩的空气柱的外推力之下，就会一点一点往外溜……

如果装瓶机器没有调节好，对塞子的挤压力度过大，塞子受了伤，回弹性受损，与瓶口之间的密封性变差，同样有"跑路"之隐忧。

偶有老酒因木塞年久乏力而与瓶颈松脱，随搬运而彻底滑入酒中。这样的酒当然已完全失去购买价值。

液面高度："残废"真的有标准？

除非是螺旋盖封装，否则，即使存储条件完美，过了多年后，瓶中水分总会流失掉一部分。用专业名词来讲，瓶中流失的这部分叫作"酒液损耗"。

"残废标准"在瓶肩

酒液损耗若在一定限度内，不必为酒况担心。但液面过低就不正常了，可能曾有较长一段时间，环境湿度不够，木塞变干收缩了，与瓶壁贴合不严；或曾长期在较热（20℃以上）的环境下存放；或者因为保存久远，木塞变老，微孔逐渐变大，给空气拓宽了通路。

▲ 同一批酒，过了几十年，即使保存条件理想，液面高度也可能高低不一

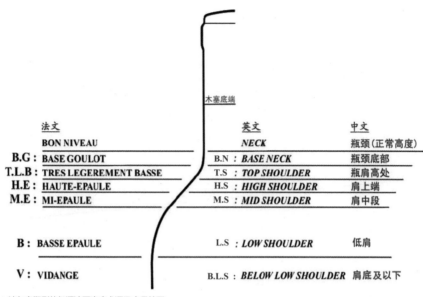

	法文		英文	中文
	BON NIVEAU		*NECK*	瓶颈(正常高度)
B.G :	BASE GOULOT	**B.N :**	*BASE NECK*	瓶颈底部
T.L.B :	TRES LEGEREMENT BASSE	**T.S :**	*TOP SHOULDER*	瓶肩高处
H.E :	HAUTE-EPAULE	**H.S :**	*HIGH SHOULDER*	肩上端
M.E :	MI-EPAULE	**M.S :**	*MID SHOULDER*	肩中段
B :	BASSE EPAULE	**L.S :**	*LOW SHOULDER*	低肩
V :	VIDANGE	**B.L.S :**	*BELOW LOW SHOULDER*	肩底及以下

木塞底端

▲ 波尔多瓶型的红酒液面高度术语及字母缩写

波尔多瓶型的红酒液面高度与酒况间的大致关系：

· B.N：木塞状况良好（若一瓶年过半百的名酒却也如此"良好"，情况可未必妙）；

· T.S：15年以上的波尔多红酒降到此高度，也属正常；

· H.S：20年以上的波尔多红酒降到此高度，也应算是正常；

· M.S：年份若非已逾30年，这样的液面高度属于异常；

· L.S：饮用价值大概已经很低；

· B.L.S：降到肩底以下，保存状况一定出了问题，恐怕已没有饮用价值。

对于法国南部和普罗旺斯的一些用波尔多瓶型装的红酒，此图也有一定的指示意义。

通常人们认为，若液面降至瓶肩以下，不论新老，酒十有八九已经寿终正寝。

勃艮第瓶型的红酒的挥发性比波尔多瓶型的红酒高一些。假设木塞质量相同、保存状况一样，经过数年之后，前者损耗比后者高一些，属于正常现象。

勃艮第瓶型没有明显的"肩膀"，不能再用"瓶肩"来判断。

· 液面与木塞底部之间的距离在2厘米左右，表示酒况正常；

· 若距离达到3厘米，对于12年以下的酒是个危险信号，对于20年以上的则属于正常；

· 对超过30年的酒来说，5厘米以上尚可接受。

干白、贵腐等其他类型的葡萄酒的挥发性与干红有别。

小于2厘米
2~4厘米
4~6厘米
大于6厘米

勃艮第瓶型
750ml

▲ 液面与木塞底部之间的距离

瓶底的密码

瓶底这些"密码"并不是防伪编号。有个符号像个反写的E，说明这个瓶子通过了容量标准检测。一边是"净含量"，另一边是个数字，通常为63毫米或55毫米，指的是"20℃下装瓶的灌装高度与瓶口的距离"。这个距离取决于瓶身胖瘦、瓶颈高度等。

不论灌装高度如何，液面与酒塞之间要留有至少1厘米的空气柱，以防装瓶后温度变化或瓶内空气被过度压缩而将塞子顶出去。

带着尺子跑到专卖店里去量液面和瓶口的距离，可能会发现，怎么连新年份酒的液面都要矮上几毫米？瓶底的数字指的是"20℃"下的标准值。专业的葡萄酒商店里普遍温度低，酒液冷缩一点很正常。

▲ 瓶底的"密码"

酒中沉淀：有个误会没"澄清"

10年前灌装的一瓶法国红酒，10年后从千里之外而来，却发现瓶身内侧大块的色斑沉淀，给美好期待罩上一层阴影：酒是否已经变质？

当年轻的红酒在瓶中慢慢成熟，单宁与色素分子的结构逐渐发生变化而析出渣滓。如果瓶子长时间卧放，可能会在瓶身上，特别是瓶肩处留下痕迹。一瓶20年以上的法国红酒，若是来自色深味浓的产区，瓶内壁沉积的深色斑反而是加分的依据呢。

但老酒未必都有沉淀，两三岁的年轻酒也未必澄清无渣。这与酿酒间里的决断密切相关。

对于酿酒师来说，作为动词或名词的"澄清"很重要。酿造刚结束，没有彻底去除的果皮、果渣以及死去的酵母细胞等，混迹于酒中，成为不利于红酒长期保存的杂质，倒出来后是浑浊一杯，更为日后的安全保存埋下地雷。所以要"澄清"后才能装瓶上市。

澄清手段早已有之，名为"凝结"，即向酒中加入特定添加物，令悬浮物凝结从而除去。凝结法从古到今层出不穷。疯牛病之前，有些酒庄使用牛血粉，好处之一是原料丰富、价格便宜。添加物还有植物的、矿物的……成本高低不同，各有优缺点。家底殷实的法国名庄更喜欢给红酒"喂"鸡蛋清，虽然成本大增，但效果最好，能更有针对性地去除某些无用或有害物质，而不会过度影响风味。

▲ 图左为1994年的某波尔多列级庄红酒瓶，瓶肩部有明显的色素沉积；图右为1990年的美国红酒酒瓶，瓶身上并未留下任何痕迹

"凝结"之后，酒中还有其他渣滓。是选择性驱逐，还是彻底肃清，各家酿酒师意见不一，甚至有人主张全部保留以加强风味。

过滤是最近四五十年才发展起来的技术。一些酿酒师认为形容词的"澄清"并不重要，只做轻度过滤或根本不过滤；有的酒庄希望风味与观感兼得，采取中度过滤；也有人下手重，酒变得相当清澈，但颜色、香气、口感甚至陈年能力难免受损。因此，即使是同一产区、同样葡萄品种的红酒，有的在年轻时也有细细渣滓，有些上了些岁数也少见沉淀。

有无酒渣、酒渣轻重，绝非品质判断唯一标准。风土地质各异，葡萄品种多样、果皮有薄有厚，各年成熟状况不一，先天资质影响着酿酒师的决断，从无一定之规。如果原材料资色平庸，酿出酒来乏善可陈，就算"喂"鸡蛋清也不可能飞上枝头变凤凰，就算沉淀出半瓶酒渣也体现不出"土地风味"。

至于"好红酒会有些许沉淀，勾兑酒则很清澈"之类的说法，则是不求甚解的无稽之谈。

某些类型的酒液浑浊或沉淀确是变质征兆，后文详述。

酒话

▶ "有了酒瓶子"，
真是很形象

🍇 啥叫 "有了酒瓶子"？

上好的葡萄酒可以经久储
存，所以在法国若说谁上了年
纪、长了经验，可以说这人
"avoir de la bouteille" 或
"prendre de la bouteille" ——
字面意思是 "有了酒瓶子"。

🍇 学个 "新" 词Primeur

"期酒品尝会" 上尝的酒
是尚在培养过程中的未成品，
但已经能展望将来的样子，教
人期待，所以和 "新酒" 是同
一个词，也叫 "Primeur"。

Dégustation
Wine Tasting

Primeurs 2012 & Millésime 2010

Grand Hôtel de Bordeaux & Spa

2-5 Place de la comédie, 33000 Bordeaux - Parking Tourny, Grands Hommes

Mardi 9 & Mercredi 10 Avril 2013

Dégustation de 16h à 21 h
Wine tasting from 4 pm to 9 pm

Espace réservé Presse : de 16h à 18h
Press : private room from 4 pm to 6 pm

◀ 4月，波尔多的最大盛事就是一年
一度的 "期酒品尝会"

🍇 "残废"的专业词

更专业的术语叫Ullage，指未开启的葡萄酒瓶竖立时的液面与瓶塞底端之间的距离。陈年老酒的拍卖会上，指代酒液损耗的就是这个词。

◀在木桶里培养的酒也会有损耗，需要定期添桶，才能避免过度氧化。木桶顶上的那个玻璃容器就是酒庄主自动添桶的小发明

🍇 一条"平庸"的捷径

勃艮第瓶型与香槟瓶型非常相似，"异型瓶"们的名字也几乎完全一致。如果懂一点法语，倒可以把这句话背下来，算是条捷径：

Car de bon matin je remarquais mal sa banalité naturelle.

这是对不同容量的香槟瓶型的谐音记忆法。中文直译是"因为我在清晨未能察觉那面貌的平庸"，译文本身没什么意义，关键是每个单词的前两个字母与每个瓶子名称的前两个字母完全一样（除了Quart之外）！

Quart，四分之一瓶，200毫升
Demi，半瓶，375毫升
Bouteille，瓶，750毫升
Magnum，大瓶，1500毫升
Jéroboam，以色列王瓶，3升
Réhoboam，罗波安王瓶，4.5升
Mathusalem，玛士撒拉瓶，5升
Salmanazar，亚述王瓶，9升
Balthazar，珍宝王瓶，12升
Nabuchodonosor，尼布亚尼撒王瓶，15升
Quart专用于香槟瓶型，同样容量的波尔多或勃艮第瓶型要称作"Piccolo（小家伙）"。

侍酒

为何红酒讲究多？

CHAPTER II

| 侍酒规矩

群众演员并不挑剔，越老越名贵的红酒越爱耍大牌。

但若服侍到位，让它进入状态，群众演员就望尘莫及了。

想听绝唱，怎么能太随便？

备酒："净身""清场"都是爱

"现在很多人的步伐太快，其实都是在一刀一刀从自己身上割，割掉了优雅，割掉了从容，剩下的只是一堆废铜烂铁。品红酒能让人慢下来，品一品生活的滋味。"一位爱喝酒人士如是说。

"净身"与"清场"

优雅，首先是一种心态。让我们从备酒开始进入状态。

若瓶身上有灰尘，擦净后再开酒。

在地窖里存放多年的老酒，护封边缘可能锈住，但不必理会，只需擦净瓶身即可。

葡萄酒品质越好，用餐场合越"冷清"就越理想——室内温度"冷"些，环境"清"净些。否则，吵嚷嚷的聚会、热烘烘的餐厅……底子再好的酒、素质再高的客，都难两情相悦。

▲ 所谓"擦净"，只要瓶身不会把手弄脏即可。直接从地下酒窖中取出的老酒往往积尘纳垢，不必擦得锃光瓦亮

爱是一种温度

冰啤爽，热茶香，红酒也要讲究温度才好喝。太冰了则香气幽闭，喝起来偏酸涩；太热的话酒精味儿会首当其冲，让身段显得臃肿。

冷热之间平常心

有的红酒背标上推荐了适饮温度。的确，有的酒凉一些更好喝，有一些在18℃更富于表现力。但冷热之间往往是凭感觉或经验，在10~20℃内调节即可。用不着拿专业温度计来测，差一点便拒绝入口。

根据价格、酒龄等直观信息，能大概推断适饮温度。

· "新酒"类型需要在11~12℃ "凉饮"，倒进杯中有些冰手；

· 便宜酒宜凉不宜热——"凉"指的是10~12℃；

· 颜色深浓的和新年份的酒，不要太凉；

· 高档红酒或超过15年的老酒偏向于另一个极端，喜欢接近18~20℃的室温；

▲ 酒标上推荐的适饮温度为16~18℃，储藏温度为12℃

· 中高档的波尔多、隆河、西南部和南部地区的红酒在16~18℃喝较好，偏北方的同价位的大部分酒可在14~15℃饮用。

高档酒"耐热性"较高，接近室温饮用也没关系，太凉快了会没什么香味。但不要烤暖气，否则倒会显出病恹恹的样子。开饭前两三个小时就要从专业酒柜里拿出来，直立放在阳光照不到的角落，待其平缓升温、慢慢展现出香气。在20℃的室内，升温速度大致如下。

· 从10℃升温到16℃：2小时；

· 从10℃升温到18℃：3小时；

· 从13℃升温到16℃：1小时；

· 从13℃升温到18℃：2小时。

记不住这些也没关系，经验总是实践出来的。春秋季节里，从商店里买回来的酒是十几摄氏度，直接饮用即可；已在厨房中存放数日的中低端红酒，用冰桶或放入冰箱稍稍降温才好；刚从酒窖里拿出来的，倒进醒酒器或酒杯后，温度就会加快升高；慢些喝、晃杯频繁些，用手多捂捂杯子，都能促进香味散发。

从前的葡萄酒指南上写"红酒要室温饮用"，因为那时候的居室冷飕飕，也就15~16℃。现在呢？得说"低于室温饮用"才准确。

冰箱救急也"救穷"

假设室内25℃，若不采取任何控温措施，一瓶适合12℃喝的红酒，一小时后就升到16℃。使用冰桶或冰套，升温时间将放慢一倍。

有财力有心力，自可去追求"理想"与"最佳"。只是很少有人能够拥有地下酒窖或非常理想的存酒环境，太多人用过冰箱存放红酒，即使酒界专业人士也不能"免俗"。少则数分钟，为当晚即饮的酒降温；多则几年，因为实在找不到更好的地方。

▲ 比起冰块，冰水混合物的降温速度快得多。图中都是白葡萄酒。红葡萄酒有时也需要降温，可同法处理

如果你曾去过人头涌动的专业酒展，肯定会听见参展酒商抱怨屋子太热。暂时用不到的白葡萄酒和气泡酒都存进台子后的小冰箱，连红酒也时不时要放入"败火"。客户来尝酒，临时拿出来，倒进杯子几分钟就能升高2℃，香气很快显出来，口感也更好。否则，酒到了20℃以上，底子再怎么好，也如同大美女被晒蔫。

夏天若在室外用餐，喝红酒不妨"贪凉"。事先冷藏，随喝随取，直立放在冰箱门上，或者卧放在格子里、蔬菜筐里都没关系。若尚未喝完酒已变热，不妨再放回冰箱待一会儿，但不要直接向红酒中加冰块！（如果是比较普通的白葡萄酒或桃红酒，此举无甚不妥。）

下面是用冰箱降温度数与所需的大致时间（仅供参考）。

· 从14℃降至11℃：1个半小时；
· 从20℃降至11℃：3小时；
· 从20℃降至14℃：1个半小时。

对极为名贵的红酒、特别娇气的老酒，除非万不得已，不要动用冰水混合物或冰箱这样的非常手段。一方面，名酒、老酒架子大，饮用温度和醒酒方式若不顺它意，美妙歌喉可能变哑嗓儿；另一方面，人们对它们的期望值太大，若香气不够连绵起伏，味道不够让人回味无穷，难免疑心其欺世盗名，这就两厢都扫兴了。

饮酒应季方得宜

春饮暖花茶醒脑，夏喝凉绿茶降暑，秋饮铁观音解燥，冬饮热黑茶暖胃藏气。若是以饮食之乐为重而并非为了场面，喝红酒也讲究季节性。这倒并非从保健角度着眼，而是因为与四季的饮食习惯搭配起来会更觉自然舒服。

干红度数有上下6~7度的差异，酒精度在15度的红酒，热天饮来未免太浓，入杯后升温快，酒精味凸显，没了细品慢酌的兴致；冬天牛羊类肉食增多，11度以下的酒怕是显得清淡无味，况且低度数干红本来更要低温饮，暖了就显得香味单薄。

三伏天打边炉，三九天喝冰绿豆粥，偶一为之尚可，毕竟不如当季饮食对口胃

▲ 有的酒庄还特意推出夏季酒款（gammes d'été）

来得体贴。不同季候里，进餐场地和气氛也各有特点，选酒应季方才得宜。

　　春夏日周末，户外烧烤草地野餐，价格平易、质量普通的红酒足以助兴，一来没人花心思在酒上，二来微风送爽，香气也被吹跑，好酒难现妙处；秋冬日晚餐多在室内，方能从容不迫地滗酒醒酒，平心静气细细品来。

开酒：开启美酒的心门

　　在开启一瓶酒时，甚至在接近它之前，它已在用眼角余光悄悄观察你了。细致地开酒，这不是高级餐厅侍酒师才需要注意的细节，不是对名酒贵酒才需摆出的姿态，它就像穿领角熨平的衬衫、系长度合适的皮带，无关场合与价格。

封帽的前奏

在街上发现丝袜破了洞，有点像在宾客面前弄碎了软木塞。但更不雅观的，是将酒瓶封帽割得参差不齐或不切割掉帽顶就拔酒塞。封帽割不齐，酒就会变味吗？你兴冲冲地去听演唱会却在门口看到打架、上台阶时崴了脚，再美的前奏，听起来不会失分吗？

操作要领如下：

·扳起折刀，左手持瓶，右手将折刀的锯齿对准瓶口部位，用拇指按紧另一边稍靠上的位置，做圆周运动以把封帽割下；

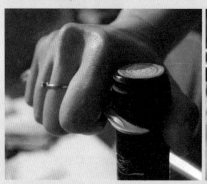
▲ 从这里切割

▲ 或者沿着上面一圈切割

▲ 切割边尽量齐整

▲ 割成这样，就像穿件皱巴巴的衬衫便上街

- 刀刃向上斜一些会容易切开塑料材质的封帽；
- 一定要留心大拇指的位置，否则会被金属封帽的切口割伤；
- 割下封帽后，用干净的餐巾擦拭露出的瓶口；
- 要除掉的只有封帽顶部，不要把下面的护封部分也揭下来。

如果想做得专业漂亮，请留意：

- 转刀不转瓶；
- 酒瓶直立，最好不移动；
- 过于参差不齐的切割边有失体面。

开启蜡封

不要用蜡烛烤，不要放在热水龙头下冲，也不用小心费力拿酒刀刀刃去做环割术，其实特别简单：

- 直接将开瓶器的螺锥尖端对准瓶口蜡封刺进去，按正常步骤慢慢拔起木塞；
- 待木塞慢慢顶破蜡封，用干净的餐巾将瓶口的蜡封碎末擦净；
- 继续提木塞直至完全拔出；
- 清洁瓶口。

▲ 开蜡封，只用丝锥莫动刀

开酒真功夫

从随礼盒赠送的塑料把儿的T形开瓶器，到上千元的全金属"钻井器"；从朴素的塑胶柄酒刀，到名牌牛角柄乃至全银质；从构造简单一看即知用法的"螺丝锥"，到奇形怪状让人不知从何下手的"异形"……从18世纪葡萄酒使用软木塞封瓶开始，开瓶器从此像时装一样缤纷百变。本节中只介绍步骤最多，也最能展现"专业范儿"的海马型酒刀。

▲ 这把螺旋开瓶器注册了专利。一边有毛刷可以清洁瓶口。下方的锯齿特为扎碎瓶口的蜡封而设计

扎入螺丝锥

·收起刀刃，掰开金属短臂，取出螺丝锥，将丝锥夹在食指和中指间持刀，短臂朝外；

·将锥头对准木塞中心，顺时针旋入；

·旋转手柄，同时向下用力，丝锥保持垂直。

"转刀不转瓶""酒瓶直立"，这都是属于餐厅里侍酒师的做派，漂亮好看，显得有仪式感，也是为了避免惊扰起可能存在的酒渣。其实平时喝酒，刀不转瓶转，或把瓶持在手中，也根本不要紧。

也许你听过这样的提醒：要注意螺丝锥扎进去的长度，不要扎透木塞！这是担心会有些许木屑被螺丝锥尖端捅出来而掉入酒中。如果木塞质量好、状态佳，才不会有什么碎木屑掉下来；如果是合成或塑料塞，根本不必在意扎不扎透。除了一看上去就是碎木黏成的塞子，才要留些神。

也许你还听过完全相反的提醒：若不扎透，就会拔断木塞！如果只旋入一两厘米便开始拔塞子，怎么不会断？螺丝锥旋入的长度取决于塞子是否过紧、过硬或过长，也取决于酒刀本身的设计，通常可留最上面一两圈螺旋在外面。

拔木塞

接下来的步骤，根据金属臂的不同设计而略有不同。核心在于：金属臂的长短、结构要合适，才能充分体现出杠杆原理的优势，灵活调整发力角度。以便最省力、最完整地取出瓶塞。

随着木塞向上提起，施力角度改变，不再平行于瓶壁。如果瓶塞过干、过湿或塞得非常紧，必须左右旋转钻锥直到调整到合适的高度才可以继续发力，否则极容易损坏状况已然不佳的瓶塞。

·用金属臂上的卡槽卡住瓶口，作为杠杆支点。为了避免滑脱，左手可同时压住金属臂。

▲这条金属臂有上下两个卡口，应该先用上面的那个

·向上提刀柄，把木塞提出一部分。

·如果金属臂有上下两个卡口，此时换用末端的那个为支点，继续发力。

·如果手柄已经向上提到极致，但木塞还没完全出来，可以掰起金属臂，继续旋进螺锥，调整到适合发力的深度，然后重复第一步。或者旋出丝锥，而直接用手轻轻拔出木塞。

拔出木塞时，要避免"砰"的声音。动作轻缓，角度不妨斜向上一些，让气体从一侧通过，这样就有了所谓的"软木塞的轻轻叹息声"……

如果木塞确实已被扎穿，密封性能大大下跌，则不宜再拿来保存未喝完的酒。

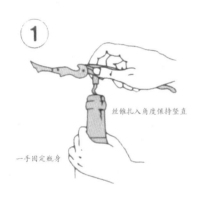

丝锥扎入角度保持竖直

一手固定瓶身

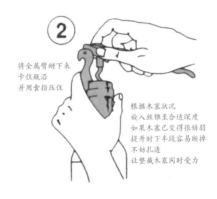

将金属臂掰下来
卡住瓶沿
并用食指压住

根据木塞状况
旋入丝锥至合适深度
如果木塞已变得很娇弱
提升时下半段容易断掉
不妨扎透
让整截木塞同时受力

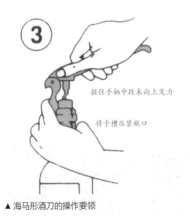

握住手柄中段来向上发力

将卡槽压紧瓶口

向上提升木塞的角度尽量保持竖直
必要时，将螺锥旋入或旋出一点以调整发力角度

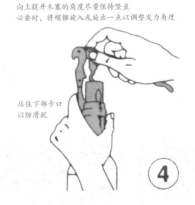

压住下部卡口
以防滑脱

▲ 海马形酒刀的操作要领

对付老酒的木塞

如果需要对付的是老酒的木塞，可能需要另一种外号叫作"管家之友"的特殊工具。使用方法请参阅"特工们，伺候着"。

有时候，木塞的顶部看上去没那么糟，但酒刀的螺旋锥扎进去之后发现里面湿乎乎、软绵绵的，不仅木塞拔不出来，而且上面一截还断掉了。此时换用"管家之友"收拾残局其实很危险，钢片插入的力度角度不对，高手也难免失手把剩余的半截推到酒中，形象反倒失分。不如找把钻头更纤细的酒刀，一边旋转一边向下轻柔扎进，木塞受到的压力相对较小，更容易就范。

如果实在难以阻止木塞的下滑趋势，干脆就把它捅进瓶子里，酒倒进杯子后再打捞木屑。专用的木屑打捞器显得很讲究，一般场合下用把干净的小勺子就可以，也许煞风景，但不会影响酒的味道。

醒酒：动静之间奥妙多

醒酒，中文的翻译太妙了。

日本漫画里的侍酒师炫手法，"从高处倒出酒来，形成又细又长的红绸缎"。其实咱们古时便有技艺高超的卖油郎，置铜钱于瓶口，从提斗中倾油入瓶，油穿钱孔而过，不洒半滴。此技唯手熟尔。但是否有必要、有益处？

睡眼惺忪的人，刚睁眼还不知身在何处的人，才要"醒"。如果已经头面基本整洁，声音基本嘹亮，再去吹风换气，反倒坏了妆容破了嗓子。"卖油郎"般的醒

▼ 醒，还是不醒，是个问题

酒，确实能令酒迅速改观，但若接下来要浅酌慢品两三个小时，最初的惊艳未必能保证后半场中气十足。

醒酒的最根本原因

在瓶陈的隔氧环境下，酒安然沉睡，任由身体中若干物质丰富与成熟起来，香气与味道随之饱满馥郁。开瓶之后，"香味"物质还需要适度氧气才能展现，这就是醒酒的最根本原因。

提前开瓶，将酒倒进肚大口窄的醒酒器，静置片刻再上桌——有些酒含有敏感脆弱的香味分子，倒酒过程中的震动会令其表现失常，静置片刻才恢复元气。

倒酒+静置，看起来很简单。就在这一动一静间，众妙之门已经开启……或彻底关闭。

醒酒时间没有一定之规

煮鸡蛋入开水锅，5~6分钟停火，泡两分钟取出冲凉，正好是溏心蛋黄。但醒酒更像做菜焯水，绝无标准时间标准火候。

年轻年老的、口味轻的重的、某些特定产区的、提前多久开瓶、倒酒的手法、酒与空气的接触面积、器皿大小与口部粗细、静置多久……各个环节、因素都不同程度地影响着不同的酒上桌之时的第一印象以及后续表现——可能更好，也可能变差。

喝酒是个人化的感觉，又极容易受别人意见的影响。个性化的人配上个性化的酒，组合无穷数，若再与配餐结合，学问更是天大地大。其实，就连提前醒酒是否必要，纵使世界级葡萄酒大师，喝过好酒坏酒新酒老酒无数，意见也纷纭各异。

30多年前，曾有酒商留话：5~6岁的酒，喝之前半小时开瓶醒；20岁以上的酒，要醒两三小时才行。已故的现代葡萄酒学之父埃米利·佩诺则断言此说无据，他对醒酒的态度很保守，认为大部分酒在上桌前最后一刻开瓶即可。

30年前，葡萄酒的风格、技术标准，和今天的并不一样。但任何时代里，都有这几个最经典的问题：是不是所有酒都要醒，是不是越贵的酒越要醒？

醒酒能让单宁变柔顺？

有人说，单宁"紧"的酒都需要醒，因为醒酒能让单宁"柔化"。实际上，酿造过程已经结束，优劣已有定数。瓶陈并不能让劣质酒变好，醒酒也不会让粗糙的单宁变柔顺。

大部分低档酒不需要醒酒器，直接倒进杯中喝即可。不是身子贱，值不得费周章，而是它们没有太多掖着藏着的优点，能吸引诱惑你的基本都在明面儿上了。一点点"有氧呼吸"，促进本来就不充沛的香味完全展现，就够了。若醒过了，反而要担心喝到中途就掉链子，筋骨松懈掉，香气涣散下来。

单宁强劲型的中高档红酒醒上一会儿，感觉似乎是不那么紧了。其实，强者恒强。让质地优秀但气势磅礴的单宁真正变得驯服与醇和，只有瓶陈才能做到。几分钟几小时的醒酒不可能有什么本质变化，不过是靠适度氧气来强化香味物质的发挥，与单宁的共同表现更和谐一些而已。

价格绝非决定是否醒酒的唯一标准。即使是同年龄、同档次的酒，若葡萄品种不同，规矩也得变。随便举几个例子：比如法国酒评家Michael Edwards说他不会醒上好勃艮第红酒，怕失去其美妙香气和味道；比如南部地区红酒常用的歌海娜，受不得太多空气，过度呼吸反而提前被氧化，失去漂亮的甜樱桃香。单宁浓重的赤霞珠、西拉子之类就"皮实"得多，禁得起更长时间的有氧呼吸——别忘了，多酚是强抗氧化剂，而单宁是多酚之一种。

真正的老酒，也不要醒了。因为珍贵而脆弱的酒香，太容易被空气破坏。对女性更温柔些，对老人更照顾些，这道理总是更容易讲通。

还是把单宁力度、档次和年龄几个关键词加起来，大体领会一下醒酒的"手感"吧。有了一点点感觉之后，再对产区、品种、年份、场合、情调、配餐等综合考量、灵活决定。

把握醒酒的分寸

年轻时，一切都简单

越是年轻的好酒，越是难以唤醒的睡美人。如果没养足年就开了瓶，身板还硬着，单宁还紧着，不大可能顺口好喝。为了让它们睁开美目看世界，必得在登台前几小时就硬生生叫醒，强行让它吸氧，协调香气和单宁的关系。虽然不可能达到自然成熟的效果，总比刚起身哑着嗓儿就开唱要强几分，否则再好的资质也难以被外行看出来。

对待这些结实强劲的年轻身板儿，醒酒是世上最简单的事。只要瓶中没有沉淀，就不用讲究角度和速度，哪怕酒飞流而下打着涡旋溅起飞沫。醒酒，就是要让空气进入，再经几小时静置，在氧气呼唤下慢慢醒来。

醒醒，不留遗憾

若岁数够了，功夫到了，吃饭的一两小时内，随着晃杯、闻香品尝，它会一直给你惊喜，是不是要事先醒，并不那么重要。

若是要众人分享一瓶已经进入适饮期的好酒，可以提前一小时开瓶醒酒，随后静置直至宴会开始。这样，它一上场就能博个头彩，而不至于让更加华彩的篇章淹没在觥筹交错的喧嚣中。否则，高潮尚远而瓶已空，酒和人都遗憾。

既已非少年，帮助它把胳膊腿活动开，从力度到姿势都要掌握些分寸。一只手握住醒酒器的脖子，斜倾30°角，另一只手握住瓶身，让酒液沿器壁缓缓流下。太猛烈地倒酒，难免磕碰到某些构成香味和口感的成分。

成熟名酒未必需要醒酒器

醒酒器对于正处在成熟巅峰期的高档名酒未必有那么重要。香味都成长起来了，单宁的腰身也柔软至恰到好处，开了瓶，倒进杯子转几圈就热了身。无须"大醒"，香气就出来了，与单宁的力度相得益彰。慢慢品，它也越来越有表现欲，晚餐终了，恰逢高潮。提前两三小时就倒入醒酒器倒是在冒风险，无法全览酒香涌动层叠交替的变脸绝活。

大概是听说过"倒红酒不能不超过三分之一高度",国内有些餐厅的服务生索性"宁缺毋滥",每次斟酒只倒一杯底,服务显得很细致精巧,但实在是无益反损。一两口就喝空了,什么变化也体会不到!遇到这样的服务生一定要告诉他,一杯底和1/3杯还差得远!

需要倒回原瓶吗?

在醒酒器中静置之后,是否需要将酒倒回原瓶?这一操作的本质其实是"二次醒酒"。除了年轻的高档酒,对其他酒都要小心行事,以免"呼吸"过度。

仅取出瓶塞能否达到醒酒目的?

如果仅是提前开酒,让酒在原瓶中静置,就算等上两三个小时,也难有什么本质性改变,至多是倒入杯中的第一印象有些许不同吧。对老酒倒是可以采取这种方式。开瓶后稍稍倒出一点,让酒液下降到瓶肩附近,增大与空气的接触面积,既不会破坏娇弱的酒香,又能促进因隔氧时间太久而产生的不良气味散发掉。

浅斟慢饮时,才能见出醒酒的效果与差异。逢杯必干的"功能型晚宴"上,醒不醒酒就完全是气氛、情调和心理暗示的问题了。

呼吸,但不能过度。这正是醒酒的分寸所在。也许就像厨师掌握火候那样,这是几页纸都说不清的东西,总有一天,心里就有了感觉。

侍酒师的专业范儿

作为餐厅里最受尊敬的"侍者",侍酒师对醒酒的态度通常更开放灵活。

两人的浪漫晚餐,浅酌慢饮,不用醒酒器反而更利于酒在杯中的自然节奏;太紧实的酒,利用肚大的醒酒器来催促香气登台献艺;如果单宁并不特别紧涩,只做些许醒酒,随着晚餐进行,香气会自动和上它的节拍;菜和酒的搭配本身若已经平衡完美,酒呼吸得太久恐怕会失香失味,反而失分……

有些客人更喜欢自己选酒,如若与菜式风味真的偏离过远,比如浓口菜式却搭了淡雅型的酒，或菜式清淡而酒身过紧，侍酒师难免要担心客人喝到口中方觉不妥而怪到自己头上。这时候，醒不醒，怎么醒，就是更需要拿捏的问题了。

根据菜式风格、情景气氛和主顾的特点来稳妥侍酒，这才叫炫技法。而从高处倒入醒酒器而不洒半滴，卖油郎也能稳操胜券。

滗酒：轻轻柔柔滗一滗

先静置再倒酒，滗酒很像醒酒的反过程，但手法温和得多。

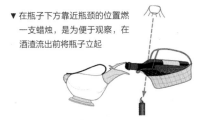

▼ 在瓶子下方靠近瓶颈的位置燃一支蜡烛，是为便于观察，在酒渣流出前将瓶子立起

一只手倾斜滗酒器，另一只手缓慢倾斜酒瓶，避免晃动，让酒沿滗酒器内器壁流下，越平稳缓慢越好。当瓶中还剩少量酒时，放缓速度，及时收手，让渣滓尽可能留在瓶中——所谓"在瓶子下方、靠瓶颈的位置燃一支蜡烛"，就是为了便于观察，在酒渣流出前将瓶子立起。

滗酒手法再轻柔，也会带来醒酒的副作用。对于有酒渣但无须提前开瓶"呼吸"的酒，可以免除滗酒的步骤。直立静置半小时，较大的沉淀就降到瓶底了。如果酒渣很细碎，就要直立静置一两天。喝的时候，倒酒动作轻柔些即可——就像倒茶倒啤酒，不出叶渣、不起泡沫的轻柔，我们都会。

若是正式宴请，讲究仪式感，上桌前最后一刻再为老酒进行除渣操作更妥当。

储酒：“六怕”与“八字方针”

让一瓶酒的味道变怪的方法多多——丢在七八月份的汽车后备箱中过几天，在新刷的油漆味扑鼻的壁橱里藏数月，直立在强光冉冉的酒柜中几年……但如果你想在5年后带这瓶酒去和老同学聚会，在10年后送给大学毕业的孩子，在50年以后庆祝你俩的金婚，那必须让它安心过好每一天。

红酒有“六怕”

你喜欢睡觉时有人拿手电筒照着你吗？想在飞机场或铁道边买房子吗？不把空调调到合适温度睡得好吗？从严寒的室外突然进到桑拿房不会流鼻涕吗？长途旅行之后不休息便能有效率地工作吗？你不喜欢的事情，红酒都不喜欢。

怕光

和我们生存的世界不同，红酒的进化发展不需要光。无论是日光、白炽灯还是照相机的频繁闪烁，都会刺激它，唯一无害的是LED冷光源。

怕闹

红酒喜欢安静，长途旅行的颠簸会令酒心神难安，喝起来不大是滋味，静养几周方可恢复；若久居靠近地铁之处，某些比较敏感的红酒甚至会变酸，只因为震动与噪声惊醒了酒中天然含有的一些细菌。

插一段小故事，乃世界粮油组织的某位国际葡萄酒专家亲历：

多年前，我从洛杉矶回到波尔多定居，带回若干高端法国红酒（因为那时在美国价格便宜！）存在地窖中。大约6个月后，家中举办宴请招待，取出数瓶。却发现居然有一半毫无香气，就像齐齐中了催眠术一样。又到窖中取来几瓶，仍然如此！

后来才慢慢发现，原来“死掉的”那些都是瓶底紧贴着墙壁的一排，没有与墙壁接触的那些并无什么异样。但这到底为什么呢？我数日不得其解。直到有一天，我下到地窖里做其他的活计，两小时后，脑中忽然灵光闪现：居室接近公路，每天车来车往，令地窖的墙壁频繁处在微振中，几个月时间，慢性毒药般杀掉了酒中一部分娇弱的香气分子！但冰箱的震动远非此量级，短期存放没什么大不了……

怕热

再便宜的酒，在三伏天里也不能买一箱丢在汽车后备箱里随喝随取。极热会让红酒病恹恹。瓶子虽然不会炸，但一些香气分子会被高温杀死，瓶塞也可能会被顶出一截造成渗漏，不垮掉也要脱层皮。

当晚就喝的寻常酒款搁在厨房等着开饭就可以。如果要等几周、几个月才开瓶，环境讲究些为好，室温最好别超过20℃，25℃可算是上限。如果家里实在热，就索性放入冰箱，注意要进冷藏室而非冷冻室——除非是适合夏天野炊的清淡型红酒，它们能耐受冷冻室"速冻"10~20分钟，总比热乎乎温吞吞的强些。

从专卖店恒温酒窖里花重金买回老酒庆生，可千万不要让多年呵护毁于旦夕。如果不久后便要饮用，静置数日可使其恢复神采。环境干燥些，直立存放也无大碍。只是娇弱之身禁不起高温摧残，哪怕几天、几小时也要避免。10℃存放最佳，万万不要高于20℃。如果家中没有理想环境，那就拜托店方代为保管到宴会当日吧。

怕冷

纯酒精零下117℃结冰，伏特加这样的烈性酒可以放在冷冻室，十几度的红酒在零下5℃过夜就会结出冰碴儿。虽然并不会结成冰坨，把瓶子冻裂，但瓶塞会被顶出来一截。气温回升后若不及时喝掉，恐有漏酒、变质之虞。

怕干

除非是用螺旋盖或硬邦邦的塑料塞封瓶，葡萄酒都得卧置。接触酒液的一头常保湿润，木塞紧密贴合瓶颈，不会因为变干缩而跑进太多空气。

平价红酒更没有太强的陈年要求，买来就喝掉了，也就不必非得"平置保存"。超市里很多酒都是直立陈列，因为上下架周转很快，你不必非得从货架深处去找一瓶卧放的。即使对高端酒而言，几个月内"睡姿"不标准也不会严重到影响到"身体发育"的程度。

但若长期站立睡眠，两三年甚至更久，而且环境又干燥，便肯定吃不消。木塞变干收缩，空气将大肆入侵，令酒氧化变质。

卧放比较占地方，能头朝下存放吗？木塞倒是能永保湿润，但身上压着一瓶酒的分量，时间长了吃不消。若是被推出来一截，引起渗漏，那就得不偿失！

尚未开瓶的葡萄酒需卧置。如果已经打开喝了一半想存起来明天接着喝，就别再多此一举了。

怕异味

一些葡萄酒指南认为冰箱"有震动、有温度波动"，所以不能用来储酒，其实最大的威胁在于食物异味——红酒木塞里的微孔对气味可没有密封功能！

如果是几周、几个月的短期存放，而且没有任何食物的异味，冰箱其实挺安全可靠。记住别将制冷量调得太大，以减低压缩机的启动频率。

以前的红酒指南中，还会讲到绝不要把酒留在纸箱中存放，这是专就好酒名酒的多年窖藏而言。过去的纸箱质量不好，阴暗潮湿的储存环境中很快发霉生味，泡烂酒标，让封帽下滋生霉菌，加速木塞腐烂。今天的纸箱没有那么娇气，买来很快就喝掉的酒更不必谨慎到这种程度。

有些酒庄尽管出产的并非高端名酒，也会推出6瓶装或12瓶装的木箱装，但为了节省成本，两层酒之间的隔离材料往往并非木质支架而是一层纸板。这层纸板质地疏松，容易受潮发霉而生味，酒便成了首当其冲的受害者。若在潮湿的环境下保存超过一年，除非通风状况良好，否则要把纸板取出来。

根据这"六怕"来总结一下红酒储存"八字方针"：低温安卧、避光通风。

原木箱装的红酒如何保管？

整箱买来了顶级名庄酒，但舍不得丢掉"原木箱"，尤其是如果日后转手，还可以凭"原木箱装"卖出更好的价格——名酒保存得好固然重要，但对顶级名庄酒，挑剔的买家更会从方方面面来考察名酒来源是否可靠。

通风好、湿度中等的环境下，将红酒留在木箱里并无问题。但如果湿度超过70%，请取掉顶层木板。没有空气在酒瓶间流通，软木塞和金属封帽之间的空隙中就会渐渐长出霉菌，引起木塞顶部腐烂。

若已将收集名酒作为一大追求，不如单独辟出一个温度湿度合宜的空间，安装一些金属架子，每层架子上都装上比木箱稍大一点的金属抽屉，直接把木箱放进去，存取都非常方便。

省力省钱的办法还是小心撬开封板，将酒取出来，裹上保鲜膜，一瓶瓶放进专业酒柜保存，空箱子摞在墙角备用好了。

礼盒虽美，还是扔了吧

在国内，常见使用不同材质的礼盒装的红酒。首先要打开来闻一闻，包括里边的防震材料。不论是木盒、皮盒还是纸盒，如果带有较浓的化学气味，一定要将酒取出单独保存。如果并无异味，又能保证酒瓶周围的通风，在盒中存储无碍。

雪藏或催熟，都是罪过

存放红酒不像储存大米，越没变化越证明存放得好；倒很像教育孩子，不能催熟也不能压抑成长，它的成长变化将给你喜悦。

20℃以上便会加速红酒的成熟，提前进入适饮期。年轻而涩味重的两瓶相同的酒，一瓶躺在壁橱里伴你起居，一瓶在阴湿的地窖里静养，5年之后打开，将不再像同龄的兄弟。如果第一瓶的涩味已变为圆熟，另一瓶一定还差着些年头；如果第一瓶已经过了巅峰而转柔顺甚至乏力，后一瓶也许正值成熟巅峰显得饱满醇厚。

越是高端、越是年轻的红酒，上升期、成熟期就越长。对耐心有限的人而言，"催熟"也许并不是罪过，至少不用等那么多年头，一瓶年轻紧涩的名酿便变得柔顺堪饮。但这提前到来的适饮期，终归无法企及在凉爽阴暗中用更长的时间慢慢绽开的美态。更大的遗憾可能在于：一瓶蕴藏着绝好潜质的顶级好酒，将永远不再有机会完美绽放便由盛转衰，像玫瑰花苞被剪离枝头，插进灌有营养液的水瓶。

但若太冷了，酒就不再发育。降到7℃以下，对高端酒而言，成熟步伐未免已太慢。10年才打开一层花瓣，除非有千岁寿星耐心地等，对常人而言着实没有意思。但遇上好喝的、尚未走下坡路的中低端酒，若真的有意久藏，可多买一箱，低温"雪藏"，10年后，可能真的刚刚见老。

为什么会这样？有人这样解释，有人那样分析，甚至有学者为红酒照射线，试图用人力改变它们的生命图谱，但始终得不到理想结果，至今也没有人完全解开红酒成长变化之谜。

平常心对待平常酒

好在不是对所有的酒都非得像对待千金小姐，否则所有超市酒水部都得关门，所有餐厅都得停业整顿，我们也再没有以平常心喝平常酒的乐趣了。

并不是说便宜酒抗击打能力强，而是它们表现能力有限。受些磕碰，即使表现不到位，也不会太令人失望，因为对它们的期待值原本不高。茶叶受潮，失了香散了味，虽然品质降低，但我们对散茶碎茶本来也没有太多闻香观色的期待。当然，如果一视同仁精心呵护，过几年达到全盛时期，还是要比不当回事任其成长的同门兄弟发挥出色。

没喝完的酒，怎过"平安夜"？

在实际生活中，一瓶酒打开没喝完，保存方法并不比"把大象关进冰箱"更难。那些一开就是两三天的大型葡萄酒展，当天打开的样酒若是没见底儿，难道酒商们都倒进洗手池不成？

酒没喝完，留在饭桌上，敞着瓶口过夜，酒次日确实会变糟。屋子凉爽还好办，未必糟到不能入口的地步，若是温度超过20℃，可能已经飘出极轻微的醋酸味。

只要把木塞重新塞回瓶子（塞进一半就可以），直立放在凉爽的地方，或者冰箱门内的格子里。下次喝时提前半小时拿出来，三天之内喝完即可。酒的味道在第二天还有可能更好。

这个方法虽然很简单，但有几个注意事项：

·冰箱里没有异味，没有韭菜饺子、臭鸡蛋……

·是软木塞，不是合成材料的没有弹性的那种。

·适用于不是特别老的酒。老酒虽然支持不了三四日，安全过夜还是毫无问题。但毕竟筋骨软，不太禁得起降温—升温的反复折腾，要给它找个10~15℃之间温度较为恒定的地方。

·如果只剩一瓶底了，瓶子里空气占了3/4的体积，剩的一点点酒负隅抵抗不了多久了，第二天一定要喝掉。

·不要"平置卧放保存"。只有未开封的酒才需要"卧放"。如果冰箱门上没有空间了，就把瓶子斜置或平置，和瓶瓶罐罐、蔬菜水果挤在一起也没有什么大不了，缺点是酒与空气的接触面积增大了很多，最好次日就喝完吧。

·再次强调：一定把塞子塞紧。

醒酒器中不宜存太久

剩在醒酒器里的酒，就留在里边好了，盖紧玻璃塞放进冰箱或者凉爽且阳光晒不到的地方。有些醒酒器没有配塞子，或者顶部有一个金属盖子，这种情况下，应用保鲜膜封好瓶口，次日全部喝掉。

▲ 醒酒器中的酒不要久存，最多等到次日就要喝掉

自己来当"装瓶人"

如果喜欢随兴所至地开酒喝但又常常出短差，打开了好酒还剩一半，怎么能让它等你一周回来接着喝？

那种专门用来将瓶子抽成真空从而降低氧化风险的小气泵看上去很专业，用上去很省事，但如果瓶中酒只剩不到一半，抽气效果就很不好。如果不怕麻烦，可以采用乌鸦喝水招数——买些玻璃球，洗净擦干丢进瓶中，让酒升至瓶口，再扣上瓶塞抽气。但橡胶质地的真空塞还有个缺点：使用时间长了或频繁使用的话，会老化漏气。

◀ 喝一半留一半，小瓶子很实用

　　有个笨方法好使得多。遇到小瓶装的红酒时不妨多买几瓶，喝完后用热水冲净，倒立晾干，瓶口用保鲜膜封好备用，目的是保持干净隔离异味（木塞不用特地保留，很难为它创造湿润而且清洁的环境，一旦变干就毫无用处）。打开大瓶装后，先倒一半到小瓶子里封严、收好。千万别灌太满，要让瓶塞塞进去后与液面之间还有一两厘米的距离。这相当于自己重做了一道"装瓶"工序。如果不再开封，存10天再喝不成问题。毕竟不是要经年保存的，直立低温存放即可。

　　不要用装过果汁等饮料的瓶子，它们再怎么清洗也难以洗净味道；也不要用瓶口粗大的瓶子，否则酒与空气接触的面积太大。

　　剩在醒酒器里的酒就不要如此处理了。已经"呼吸"很久了，再折腾一次，和空气的接触面积是小了，进来的空气却多了，得不偿失。

　　不管用什么方法，安全过夜的上限温度以20℃为妙。

酒具，配角唱大戏

优雅很容易，只须多留意。
在少人注意的细节上多讲究，便永远比别人多一分信心。
但如果掌握了技巧却仍然做得不漂亮，那就是器具不好用。

开酒器：刀是最好的武器

千万不要以为选开瓶器只是专业人士和红酒"发烧友"的事情，即使日常饮用的是低档红酒，也不要抱着无所谓的心理，因为有些低档红酒用碎木粘成的塞子，更需要好用的开瓶器，才容易将木塞完整地提出，而不至于只勾出来一堆碎屑。

选刀

看似最专业的酒刀其实最适合初学者。它的英文名叫waiter's friend，即侍者之友，不管木塞是娇嫩的、顽固的、强硬的……基本都能搞定。有的侍酒师甚至说，如果酒刀做得足够好，其他的开瓶器都没有存在的必要。

并非所有酒刀都合手好用——即使是名牌酒刀，也未必称自己的手。远看大同小异，握住一比试，就知地道不地道。挑选时最好能自带一个有木塞的酒瓶，为保证各步骤操作流畅，须在以下细节留心：

重量

太轻太重都不会称手。应根据自己手的大小和握力多试几种。

刀刃

刀必有刃。以前的封帽里含铅，为了避免倒酒时酒液与封帽边缘接触，在拔出酒塞之前，要先切掉封帽的顶部。现在封帽改了材质，但为了干净卫生，还是切掉为好，此外也是为了优雅漂亮。

作为刀刃，可能是真的"刃"，也可能是锯齿。无论是哪种，都要足够锐利，但又不能锋利到容易将手割伤的程度。

▲ 刀刃，可能是真的"刃"，也可能是锯齿

刀刃收回刀槽后与两侧有细微空隙，或者只是轻微触碰刀槽而不受力，否则刀尖容易受损。

螺丝锥

法国人管它叫"猪尾巴"。长度为6~8厘米，最好配备螺丝锥长短不同的两把酒刀。

无论是塑料、合成还是真正的软木塞，它们的长度通常在4~5厘米，高端名酒的木塞可能更长。"短尾巴"遇上长木塞难免力不从心，若太长又容易把短木塞穿透。如果塞子质量够好，也没什么大不了，怕的是酒塞底部的碎渣掉进瓶里。

如果要对付一瓶老年份的名庄酒，最好找个加长型的"猪尾巴"，操作起来更加进退得宜。

挑选时需留意以下这些地方：

· 螺旋杆不能松动，角度要笔直。
· 如果"猪尾巴"粗细合适，而且有涂层，手感滑润，会比较容易旋入木塞。
· 螺旋圈的半径粗细很重要。如果半径过小，发力面积不够，遇上塞得过紧的木塞会力不从心。

◀ "哦！这些猪啊！它们真的都有
'开酒器'！"

　　·"尾巴尖儿"的倾斜角度要合适。右手握住酒刀，看看丝锥尖端是否朝向斜下方，是否很容易钻入木塞。

　　·螺旋杆折回之后，只是轻轻接触刀身而并不受力，否则时间一长就会变形。

金属杠杆臂

　　这是决定酒刀好不好用的关键部位。

　　·如果金属臂弧度不佳，卡在瓶口上用力时容易滑脱。

　　·如果卡口部位设计不合理，发力时容易滑脱。

　　·杠杆装置末端也忽视不得。不要太尖锐，也不能太圆钝。太尖锐，发力时可能会把瓶口压碎；太圆钝，又有可能滑脱。

▲ 这种金属杠杆臂
的设计很实用

刀柄

　　牛角、木质、硅胶、塑料、不锈钢全金属……质地不管贵贱，握在手里的感觉要合你自己的意才好。刀柄弧度完全是个人喜好问题。直如匕首，或曲如新月，只管根据手劲儿和审美观点选取即可。对刀柄上的铆钉也得多看几眼，看看是否有松动、是否和刀身贴合好。

129

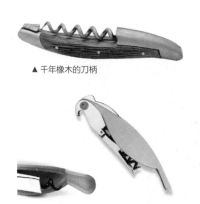
▲ 千年橡木的刀柄

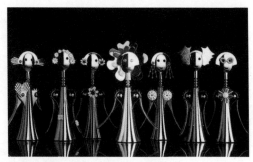

▲ 这只可爱的"鹦鹉"，是意大利建筑师
Alessandro Mendini的设计

▲ 某专卖新奇玩意儿的艺术家居用品店里总是少不了这个人偶系列
的开酒器，也是意大利建筑师的设计

拉吉奥乐，合法"假货"特别多

　　打听法国的名牌酒刀，第一个名字恐怕就是"拉吉奥乐（Laguiole）"。像拉菲一样，它里面的奥妙多得很。

　　远在这个名字成为我们心中的刀具代名词之前，甚至要远到中世纪，在法国南部朗格多克—鲁西荣大区内的阿维隆省里，一个叫Laguiole 的小村镇渐渐形成。村名来自当地的Occitan语言中的la glèiòla一词，意为"小教堂"。当年村上多牧民，于是慢慢地出了刀具作坊，从开始的名震一方到后来的名震全国……

　　但是，问题在于，如果Laguiole是村名，那么村子里到底有几家酒刀作坊？它们之间有无高低好坏之说？如果Laguiole也是商标，那到底谁家是正宗，有没有冒牌货？为什么到了Laguiole小村，当地人却说根本没有听说过Château Laguiole这个我们所谓的

▲ Laguiole小村以couteau（刀）出名

"法国国刀"品牌？所谓刀背上必须有一只"防伪蜜蜂"到底是真是假？

Laguiole小村地处高原怀抱，民风淳朴，但竟然淳朴到如此程度：村里的几家刀具作坊将村名作为集体财产使用了一百多年，可从来没人想到去商标局来个正式注册。直到1993年，一位聪明的Szajner先生不声不响地搞出了大动静。

S先生非镇上土著，家远在卢瓦河谷，甚至他从来都没有来过这片高原山区。他早年供职于一家陶瓷材料及制品公司，后来自己下海，成立了一个制造公司。在一次与皮尔·卡丹的偶遇中，他得到了一句据说是"耳语式"的关于商标授权的点拨。

为了给公司所设计制造的刀具打开国外市场，S先生四处寻找灵感，最后从Laguiole村找到了他有生以来最大的一个灵感。而且，从后来马上要发生的事情来看，S先生确实深深领悟到卡丹先生传授的诀窍。

在非常短的时间内，S先生申请注册了若干带有"Laguiole"字眼的商标，但不仅仅是刀具，还有餐巾、衣服、烧烤台、打火机、钢笔……甚至还有靴子！从此，他成了世界上唯一一个能合法地将Laguiole字眼用作商业用途的人。所有想把那只著名的蜜蜂放到自己的产品上——不仅是刀具，而是几乎不管是什么东西——都得先拿到他的授权。直到不久前，全世界的20多家公司都要付给S先生公司商标使用费，销售额的5%~10%要流入他的账户，而品牌中带有"Laguiole"字眼的产品类型总共超过一千种！所以，如果你看到"××Laguiole"或"Laguiole××"酒刀上的"Made in China"，不要立刻当成山寨，没准人家很合法……

▲ "拉吉奥乐"啥都有，不仅有酒刀，还有烧烤台、拖鞋……看到那只著名的"防伪蜜蜂"了吗？

也许看到此你很惊讶，但比起Laguiole村民受到的震惊，这简直就不是回事。

当Laguiole村内的一家刀具作坊老板终于想到委托律师状告S先生涉嫌商业欺诈时，村民们认为取胜是想当然的。当2012年巴黎高级初审法院（TGI）裁决S先生注册的Laguiole商标名全部合法，而Laguiole村不能再叫这个名字，若坚持继续使用就得交罚款，大家简直要疯了，在村长带领下开始抗议。并且把村外公路上的路牌摘下以示强烈不满。村民们的愤怒可想而知——我们一直只知埋头干活，而外地人看着这个名字能生钱，结果现在我们的村子连继续叫这个名字都没有了权利。S先生也很生气，那些村里人怎么能在我的生意里瞎搅和？更何况，我是早就申请了专利保护的！

▲ "Laguiole Origine Garantie" 是 "原产地" 铭文

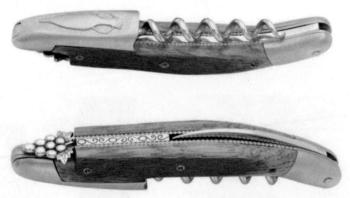

▲ 两把 "Laguiole村原产地" 的酒刀。一把的刀背上是个酒罐子的装饰，另一把则是一串葡萄——"蜜蜂" 真的不是 "Laguiole" 的防伪标志！

这是一件在法国从没有过先例的案子，也是一件令"正宗拉吉奥乐"刀具爱好者觉得非常受伤和愤怒的事。原告方上诉之后，局面终于有所缓解。裁决取消了S先生为刀具及相关产品注册的各种带有"Laguiole"字眼的商标，判定拉吉奥乐村自己的刀具厂都可以不经过S先生的同意而继续使用自己的老名牌。但上诉请求的另外一部分被驳回，S先生的其他产品线的"Laguiole"商标依然合法。

拉吉奥乐的案例没办法教你识假货，因为很多"假货"其实很合法。如果你是纯粹的"原产地爱好者"，那么辨别方法倒是简单，先不看商标里有什么字，只看真正的落生地。若刻有"Laguiole Origine Garantie（拉吉奥乐原产地保证）"——没错，又见"Origine"的熟悉面孔——或"Forgé en Zone Laguiole（拉吉奥乐区内铸造）"的铭文，这就看到了"老家"。

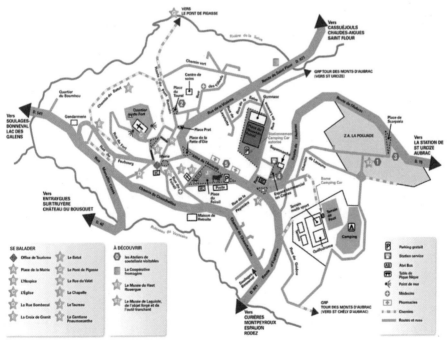

▲ Laguiole小村的导游图上，刀具生产厂（带数字的橘黄色标记）也是参观景点

133

▲ Laguiole村内的刀具店

至于刚才提到的"Château Laguiole",与S先生倒是并无关系,而是由另一位名叫Guy Vialis的先生在1992年创立的酒刀系列的品牌。它的制造地大本营并不在Laguiole村,而在距离将近100公里的Sauveterre de Rouergue小村。当然,这里并没有一座真正的"拉吉奥乐古堡"……

直到现在,Laguiole依然是个小村,有1300多名村民。目前大约有11家刀具工厂。所有产自法国的带有"Laguiole"字眼的酒刀,只有40%产自这里。

"特工"们,伺候着!

有些新式工具,遇到特殊任务时,或许比酒刀好用。

▲ 将酒帽切割器扣在酒帽上，夹紧，左右旋转　　　　　　▲ 金属"兔头"模样很炫

酒帽切割器

　　酒帽切割器虽然少点专业范儿，但"活儿"好，比酒刀身手快，品酒会上可以备一个。

　　操作步骤：

　　·扣在酒帽上，夹紧、旋转，或左右各扳半周，内部的钢刃就会把金属帽顶端整齐地切下来。

身手利索的"兔头"

　　这种开瓶器像个兔头，但用法倒像石油开采台上的"钻头"。也难怪，发明人曾当过石油勘探工程师。用顺了手，"兔头"效率奇高，甚至会带来一种奇妙的心理快感。

　　操作步骤：

　　·用两条长臂臂夹住瓶嘴，握住顶部的扳手翻向外侧，之后向内侧用劲压下来，使钻锥扎进瓶塞，再重新向外侧压回去，塞子就顺势被拔出来了；

　　·往复扳动扳手，瓶塞自动掉出。

　　不能用这种"钻头"对付比较虚弱的老酒木塞。新酒的软木塞质量好，足够强韧，才禁得起冲击。

"管家之友"

"管家之友"手柄5~8厘米长，两支金属片约10厘米长、5毫米宽、0.5毫米厚。这样匪夷所思的设计，初次见到时，谁能想象出它是干啥的？难怪它还有个英文小名叫"Ah-So"，译自德语的"Achso!"大意是"Ah,I see!"——我明白啦！

▲ "管家之友"，对付老酒挺在行。图右是套子

看上去很简单，实际上这家伙的制作规格最严，特别是两条"金属腿"——材质需经特殊的冶炼工艺，才不会变形或断裂；表面要用高科技材料处理过，达到很高的润滑度。设计出这样厉害的角色，是为了对付老酒的娇弱木塞。

切下封帽后，若发现内层已经生霉，估计木塞也已是"老弱病残"了！若丝钻过粗或涂层不够滑润，扎入木塞时会受到很大阻力，难保不会把木塞捅烂。就算成功地将螺丝扎了进去，往外拔的过程中，瓶塞若吃不住力，木屑七零八落地碎掉，残局就难以收拾。若学会用两条"金属腿"来开瓶就安心多了。

但若追根溯源，这种构造的开瓶器最初是由大户人家的管家们琢磨出来的，是为了把主人的佳酿与自己喝的小酒掉包，所以它最早的名字叫作"管家之友（Butler's Friend）"。

操作步骤：

· 割下封帽；
· 将两条钢片中较长的那条的尖端对准木塞与瓶口的接缝处，慢慢插入，向下轻轻压进去；
· 插入两三厘米之后，将另一支钢片的尖端对准另一边的接缝处插入，左右摇晃手柄，使其逐渐深入瓶口；
· 将两条钢片完全推入瓶口，此时，它们已将木塞夹住；
· 向一个方向旋拧手柄，同时向外慢慢拔出，木塞会随之一起出来；
· 待两条钢片完全出瓶后，它们会自然反转回弹，与木塞分离。

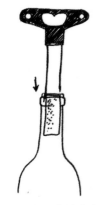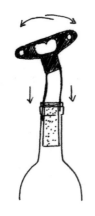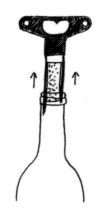

▲ "管家之友" 的操作步骤

初学时有两大难点：

· 钢片插不进去；

· 因为钢片的回弹力，掌握不好插入瓶口的力度和方向，反而将木塞越推越深。

一旦把"管家之友"驯服，再配把合手的酒刀，所有"问题瓶塞"都会就范！

"注射器"

"注射器"像个篮球充气筒，是一种最省手劲儿的开瓶器。将针头从软木塞中间插入并穿透，塑胶套罩住瓶口，上下活动针头5~6次，推入瓶中的空气就会把木塞顶出来。

◀ "注射器"

Coravin

迄今为止最贵（在法国售价250欧元左右）、最受餐厅和职业侍酒师称赞（连罗伯特·帕克都公开赞许过）、最阳春白雪（据发明人说是调试调整了13年才推出）的"开瓶器"——归到"开瓶器"一类其实不太准确，因为它根本就不用取出瓶塞！

▲ Coravin被认为是"取酒神器"

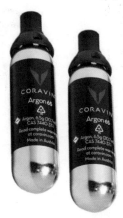

▲ 氩气"气弹"，Coravin的技术核心

　　其实就是一根细细针头扎透木塞、之后通过它把酒引出、最后还是通过它将惰性气体补入瓶内，来保护余下的酒。这个"神器"最大或者说唯一的好处就在于，剩下的酒可以像未开封一样继续陈放，可以随时抽取品尝……虽然前两年出了七八起使用过程中发生的爆瓶事故，但其"余酒保护侠"的能力从未受到过负面评价。最惊人的是制造公司在2015年精心准备了一场盲品会，据称，测试用的酒曾在九个月前被Coravin"开启"过，但请来的二十几名酒界专家中只有三人辨识出来，而且公司方还宣称连这三个人也仅仅是猜测而已……

电动型

　　以上介绍的都是"手工型特工"，还有一种"电动型开瓶器"，简单到都没有描述使用方式的必要了，只是要记住先得割下瓶口封帽顶。

▲ 电动型开瓶器最省手力

醒酒器：与酒必须有默契

醒酒器既要促进酒与空气接触而散发出更多的香气，又要尽可能将香气留在瓶内。所以，醒酒器的形状最重要。

形状

通常情况下，买一只最传统的大肚细颈醒酒器就够用，而且容易清洗。如果常喝年轻的好酒，肚子不妨更大更扁些，促进"呼吸"。

老酒通常不宜"大醒"，肚子较小的醒酒器更为合宜。筋骨柔弱些的酒，用"鸭子型"更好。瓶型设计很方便操作，酒液沿着平缓的下侧瓶壁慢慢流入，减少些冲击。

某些水晶大牌推出形状新奇的设计，但总要遵循身子宽而脖颈细的大原则。太奇怪的设计可能给清洗增加难度。

▲ "鸭子瓶"特点在于肚子较大而瓶颈倾斜，有助于减缓酒液流速，适合于需要醒酒但筋骨较软的葡萄酒

▲ 最好配一只玻璃塞

▲ 黑色的醒酒器

▲ 老式的滗酒器。慢慢摇动手柄，让瓶身逐渐倾斜。在瓶口下方点燃一支蜡烛，以便于观察。待酒渣流到瓶颈位置时，停止摇动手柄，从而将酒渣留在瓶内

瓶口

瓶口要以方便倒入倒出为准，太窄的瓶口容易把酒倒洒。

塞子

最好配一只玻璃塞。酒没有喝完需要过夜，塞子能派大用场。

颜色

无色透明为最实用，能观察酒渣，知道还剩余多少酒。否则黑色的也可以呀！

把手等配饰

把手等配饰与酒本身没关系。操作起来好不好用，自己定夺吧。

滗酒器：只想安静地分离

醒酒的目的是促进呼吸、令香气开放、口感柔顺，而滗酒是为了去除渣滓，提升观感与口感。

如果酒并不太金贵，只是为了除渣，用一般的醒酒器就可以。

一支年轻的、名贵的、带有渣滓的红酒，使用扁肚细颈的无色透明玻璃容器，滗的同时又醒了酒，一举两得。

有些酒只需除渣，多呼吸空气反而不好，要选个削瘦些的瓶，最好再配一个密封严的塞子。如果手法够准，可以拿个干净的空瓶来做滗酒瓶，更能减少与空气的接触面积——此所谓"换瓶"，没什么神秘之处。

在不那么讲究的场合下，可以干脆"滗掉"此步，直接在瓶口插一个带滤孔的瓶塞。

▲ 老酒应该用细瘦一些的醒酒器，减少与空气的接触面积

▲ 带有滤孔的瓶塞，插在瓶口就可以，便宜实用又专业

酒杯：有没有"大众情人"？

红酒杯虽然总是被称为"高脚杯"，其实脚的高矮甚至有无并非那么性命攸关。

有型未必大长腿

红酒到了20℃以上才会严重破坏口感。高脚能避免手接触杯身、避免让酒因为手的热度而升温，但一般的餐厅里，高脚杯杯壁都比较厚，热传导根本不可能那么快。就算是薄薄的水晶杯，也不至于因为把持了几下杯身而把酒焐热吧？

随着与空气的接触，酒香变幻，经由"晃杯"而弥漫，令人心迷，更因晃杯而加速变化，令人惊喜，这是葡萄酒与啤酒或白酒在饮用过程中的最大区别之一。因此，高脚杯的设计是为方便"晃杯"与"闻香"。

壶或罐子加上个把儿，就叫jug ——"扎"啤。若依样做个"扎红杯"，未必不方便"晃杯"，但杯型是个大问题。肚大口小，而非直上直下，才能拢住香味。所以红酒杯像朵含苞的、瓣子拢着的郁金香。

有人设计出无脚酒杯，像掰掉了杆儿的花骨朵，提溜着杯沿就能晃得很有型，佐证了红酒杯未必定是"大长腿"。

▲ 红酒杯是含苞的、瓣子拢着的郁金香，怒放开了就不对了

▲ 无腿？那就提溜着晃杯……　　▲ 只要肚大口小，葡萄酒杯的功能性已经足够

不花不色最可靠

一只透明无装饰的高档水晶酒杯，手执杯脚，轻弹杯沿，鸣声清脆，回响不绝于耳，真有空山幽谷之韵味。0.4毫米的杯沿，能给唇舌以最舒适的感觉。手感好、触感佳，既优雅又便于观赏色泽，这才是它备受爱酒者推崇的综合原因。

雕花杯很美，但在真正的爱酒人眼里，它们的缺点显而易见。

杯型大都做成开放的郁金香，很少见含苞待放型；若在最高档的雕花杯与装饰全无的透明水晶杯之间相比，前者的杯壁总是厚一点，增加了整体重量，更增加了晃杯力度。花棱多是方的，为了气韵协调，杯腿也多切割出方棱的边，美则美矣，但手感不好，特别是在晃杯时，你试试就知道。

欣赏红酒在烛光下的浪漫情调，无色透明酒杯自然最好。就透明度而言，某些机器成型水晶杯与手工吹制杯难分伯仲，甚至还有高档的仿水晶玻璃杯，肉眼难辨高下。

但任何事情都有两面性。用有颜色的杯子，省掉对酒"察颜观色"一步，能更加聚精会神地品味。假设酒的质量有问题，不再被视觉打扰而分了心，倒更容易仅凭嗅觉和味觉辨别出来。

▲ 杯子漂亮，就容易忽视酒的美丽

高矮胖瘦与"国际标准"

个头、形状、价格……葡萄酒杯的款式丰富到难以选择。哪个是最应该买的第一款？

个头

低档红酒香气不浓、潜力匮乏，大号酒杯会把它们的弱点凸显，用普通杯即可，一般是240毫升的容量。

如果常用较年轻的、还没完全进入成熟期的中高档红酒待客，若喝到瓶空，酒仍然紧实封闭，真的很遗憾失落。可以配个高、胖、深的酒杯来辅助它们有氧呼吸、放松下来。

杯口

酒香越精致、越复杂，就越得想办法让它们散发出来，同时又得留在杯子里以供欣赏。所以杯身宽、杯口窄的酒杯最适合这种需求。

薄薄的杯沿会带来舒适的口感。

有的"产区杯"的杯沿内扣或外翻，对欣赏香气没有什么改变，主要是为了提升酒入口中的第一印象。

杯壁

如果杯壁厚实又沉重，喝红酒的感觉好比用听半导体收音机听莫扎特，虽然主旋律没变，但宛转细腻都错过了。如果心思细密又喜欢优雅的东西，轻薄的水晶杯一定对你胃口。

如果毛手毛脚常打翻东西，但想用好杯子，就更要留意杯身的设计。

杯腿

方棱的或雕花的杯腿看起来漂亮，但端起来的手感并不好，特别是酒入了杯时。细长的圆柱形杯腿才简单又舒服。

▲ 著名的酒杯品牌Riedel的"黑皮诺"杯容量400毫升左右　▲ Zalto牌子给黑皮诺设计了一个大家伙，足有960毫升，倒满的话将近一瓶半

▲ 这种杯身设计更为坚固　▲ 圆鼓鼓的"气球杯"，模样朴实，身体结实

◀ 杯腿挺漂亮，可惜"晃杯"时的手感不太好

杯腿长度最好大于四指横放的宽度。如果杯腿短，拿起来不舒服也不优雅。

如果存储空间有限，杯腿太高的酒杯显然会带来不少麻烦。

重量

通常的水晶杯重160~180克。如果喜欢更加轻盈的手感，就要选择手工吹制的水晶杯。

▲ 杯腿长度应大于四指横放的宽度

"性价比"

"性价比"的根本，是自己的最主要需求。若为野餐出游，用一次性塑料杯也没什么不可以。

国际标准杯

国际标准品酒杯的规格：

· 杯体总高度156毫米
· 杯身长度100毫米
· 杯口直径46毫米
· 杯体最宽处65毫米
· 杯腿高55毫米
· 杯脚厚度9毫米
· 杯底直径65毫米
· 总容量210毫升

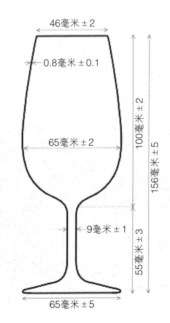

46毫米±2

0.8毫米±0.1

65毫米±2

100毫米±2

156毫米±5

9毫米±1

55毫米±3

65毫米±5

上页图中这个酒杯像个被抻长的煮鸡蛋，其貌不扬，但有个响当当的学名：ISO国际标准品酒杯——也叫"INAO"酒杯，是由法国国家原产地名号研究会（Institut National des Appellations d'Origine）专门请来一个品酒师班子设计出来的。

设计原理：倒酒至标准杯的杯身最宽处，酒的体积和空气接触面积的大小这二者之间的比例对各类香气陆续显现所施加的影响最为"公正"，能忠实展现原本风味，而且更容易检测缺陷和异味，也就是挑毛病。诞生40多年以来，葡萄酒大奖赛的评委基本全都用它，有些规模大但不够"名庄"档次的酒展也用此杯。

此杯杯型确实利于专业人士在专业场合拿出专业意见。但也让有些人表示不屑：它过于"技术"，离间了品酒之乐，甚至让业内人在其他"正常场合"用其他杯型品尝同一款酒时都可能认不出来。

平时喝酒毕竟还是为了找乐。仅从这个原则出发就能判断：它不适合做普适型

◀ 新年份名庄酒试酒会上常用名牌水晶杯，仅是为了形象吗？开瓶时间短，新年份酒没有充裕时间展现香气口味，用容量大些的杯子有利于接触空气，促进开放，让品酒印象更全面，或者说更讨喜——毕竟客户云集的试酒会不是葡萄酒大奖赛

的大众情人。杯身最宽处也不过65毫米，酒与空气的接触面积很有限，用来喝单宁浓重的某些年轻红酒、喝层次复杂的高档名酒，对经验不足的酒友来说，就像拿一面小镜子试衣，难识全貌。

此外，它的尺寸也让人担心在餐桌上显得太局促、不够优雅。试一试就知道，按照"最多三分之一高度"倒酒，想喝进口，得使劲把头后仰，看起来倒像是干杯！

不过，"鸡蛋杯"结实、便宜，打碎也不会心疼。在家邀朋唤友办品酒会，一人准备一两只倒也实用。

古罗马的"豪饮"杯

古罗马人为了喝酒而设计出这种杯——Kylix，矮个阔身形，脚也只是装饰，喝法是双手执耳送至唇边。这姿势角度肯定不方便小口啜，倒更适合豪饮。

▲ 古罗马的"豪饮"杯——Kylix

那时没有玻璃，做不出透明器皿，没法赏颜色。但猜想也没有太多香气需要留住细闻，否则聪明的古罗马人大概早就设计出了郁金香形杯。

估计那时的红酒色香味都比较淡，与今天的好酒不可同日而语。但任何时代都有随便喝喝的小酒，敞口杯斟满斟半满，豪饮还是细品，都没有什么关系。

"舌头地图"可靠吗？

数年间，学院派也好，江湖派也好，都流传着"舌头地图"的传说。也就是说，舌头对酸甜苦咸四味的感知分别依靠不同区域：前甜后苦、外咸内酸。但这张"地图"真的可靠吗？

▶ 同样的酒倒在不同的"产区杯"，会呈现出不尽相同的
第一印象

　　世界上第一套按所谓的葡萄酒风格特点设计的酒杯问世即将40年。此后，多个品牌不断推出"产区杯"，各自形状都不同，但中心思想都是围绕四个味觉区，通过不同杯型建立不同的第一印象，进而决定酒的结构与风味的最终呈现。

　　按照某品牌专业杯的说法：勃艮第的红酒酸度较高，所以用开阔宽广的杯口，使酒先流过舌尖的甜味区，凸显果味，与酸味相平衡；赤霞珠果味较重、酸度较低，略修长高深的杯型令酒先流向舌头中间、再向四方流散，使果味与酸味和谐相融。

　　葡萄品种、风土与人的巧手，塑造了每一瓶酒的不同特性。有的酸度更高，有的涩感更显，有的甜味稍重，有的苦意偏浓。在浅酌慢品的前提下，杯身的形状、大小和杯沿的弧度确实会影响酒入口后的流向。

　　所以，专业酒杯生产者试图让我们相信的是：按酒的风格类型选杯，就像为模特的苹果圆脸或尖削的狐狸脸选择由专业摄影师设计好的上镜角度，反光镜补光板和黑屏皆布置到位，这里补光，那里阴影，让一张脸逼近完美。

但是，"舌头地图"又被新时代的科研工作者证明是夸大的、简化的。事实真相似乎更接近于：舌头的任何一个部位都对四种基本味道有所感知，但可能灵敏度不同，而且人和人的个体差异甚大，专业和业余选手间差异更大。

既然科学研究+生理构成+专业训练都无法提供条框分明的界线规范，再考虑到葡萄酒个体间的无穷差异，以及我们的经验和水平、大部分喝酒场合的气氛，量体裁衣般选酒杯或许并不如期许般灵验。

酒柜：挑选使用有门道

有年轻好酒需金屋藏娇，或有娇弱老酒要留到几年后的纪念日，最好添置一个专业葡萄酒柜。

挑选

如果真的已经开始对葡萄酒感兴趣，每次有机会出国，总想搜罗两瓶好酒带回来，那么至少得从50瓶容量起步，不然很快就会发现空间不够用。

▲ 压缩机制冷型酒柜

压缩机制冷型酒柜

从50瓶容量起步，就基本可以确定该选择压缩机制冷方式的酒柜。就像冰箱一样，压缩机当然也是酒柜的心脏，制冷噪声要小，安全须有保证，寿命得长，厂家的信誉尤为重要。

其他技术细节当然也重要，但内部酒架的设计与日常使用最为密切相关。

首先是酒架的间隔。挑选的时候，应该先将不同瓶型都摆进去试试看。四种基本瓶型已然在宽度与高度上有着差异，若遇到香槟、某些特别颀长的"阿尔萨斯长笛"或加厚的重型瓶，那种按波尔多瓶型设计间隔的酒架就只能望而兴叹了。

酒架的活动方式主要分为卡槽型和滑轮型。滑轮抽取要好用得多，自然也要留意做工质量

一定要确保酒架的材质没有气味。若想多用几年，最好也了解一下承重量。

酒架的设计也关系到酒瓶的摆放方式，而摆放方式当然意味着方便存取和展示上的美观。

酒柜门的密封与隔热功能最重要。最常见的是双层中空玻璃，如果做工好，已然够用，但很难达到防止凝露的要求。如果追求视觉完美，而且家中很潮湿，就得选择三层的中空玻璃设计。

酒柜最重要的功能就是保温和保湿。至于蒸发器和保温层内胆的选择，一分钱一分货也总是有道理的。至于外壳，材质选择就看个人爱好了。

电子制冷型酒柜

如果目前还是"随喝随买"型，或者无意大量投资收藏，没有特殊需求，容量20~50瓶、温控范围在10~18℃的电子制冷型酒柜就更适合。没有了制冷剂，也没有压缩机的运转噪声，绿色环保。不再受压缩机的复杂制冷系统制约，身子轻巧。同样体积下，使用空间加大，而且外观设计更多选择。

唯一要注意的是，电子酒柜的制冷范围受外界环境影响。因制冷功率比较有限，通常只能比环境温度低6~8℃，因此家中温度不能太高。在这一方面，压缩机有着绝对优势。功率大，比电子酒柜制冷速度快得多，即使外面温度高，里面也不会受到太大影响。

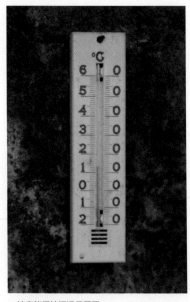

▲ 地窖能保持恒温很重要

如果藏酒多到非要自建酒窖的地步，那么首先要记住，地下酒窖绝非只要是"地下"就OK，头顶的隔离层至少要数米厚，方能避开地面上的严寒与酷暑、保持天然的恒温。

为何会"露点"？

酒柜柜门的双层玻璃往往是"中空"而非"真空"的。密封在两层玻璃之间的空气层，其导热系数非常低，虽然低不过"真空"，但从生产成本和家居型酒柜使用需求的角度看，已经完全能达到要求，唯一难以解决的是凝露问题。

如果室内潮湿，水蒸气易于达到饱和，但若遇到温度更低的表面，而且这个温度又低于某个值——所谓"露点温度"——水蒸气就又要变回水状，这就是双层玻璃柜门的外层表面有时会产生水雾、水珠甚至成涔涔细流的原因。

因此，想要解决"露点"问题，得选择三层中空玻璃、最外层玻璃覆盖有电镀膜并供电加热、保持温度高于室温的设计。

使用

酒柜温度设在10~12℃，让年轻红酒有最佳的成熟速度，不会拔苗助长般被催熟，也不会因"极度深寒"中止发育，老酒也能从容变老，不至于提前香魂归去；把湿度调到70%~80%，这是软木塞保持湿润的理想环境。

在如此高的湿度下，想让酒标永葆青春，就把瓶子用保鲜膜裹好再放进酒柜。保鲜膜过一段时间会失去弹性，要定期取出检查更换。虽多费些周章，但多年之后，瓶内风华绝代，酒标光鲜如初，是喝是留是卖，怎样都让人艳羡。

🍇 推敲Décanter

Moueix家族（柏图斯酒庄的东家）的Christian有句被广为引用的话："不论酒是新还是老，我都喜欢décanter。这标志着对老酒的尊重以及对新酒的信心。"

Décanter这个词到底是什么意思呢？也许它包含两层含义：滗老酒和醒新酒。但这个表达又真的准确吗？

学会用标准姿势醒酒和滗酒并不难，但标准用词却很容易搞错。中英法三种语言里，对这两个动作以及相关器具的精确描述请见下表：

中文	醒酒器或滗酒器	醒酒	滗酒
英语	统称Decanter	Aerate（动词） Aeration（名词）	Decant（动词） Decantation（名词）
法语	统称Carafe，若严谨些，与"水扎"区分，可称Carafe à vin	Aérer（动词） Aération（名词）	Décanter（动词） Décantage或Décantation（名词）

英语里，醒酒器和滗酒器可以统称Decanter。但动词decant是指将酒从一个容器倒进另一个容器，或者倒出液体、从而分离瓶底沉淀之意，所以是"滗酒"，用来说"醒酒"其实是误用。

素以精确著称的法语，这回也没做好表率。滗酒器、醒酒器，就连"水瓶"都可叫Carafe，也就是口比肚子大的玻璃瓶或罐。在餐厅里，不想花钱点矿泉水，可以要"一扎水"，侍者就用carafe给你端上自来水——当然，"水扎"的形状没那么多讲究。

法国人爱用动词Carafer和名词Carafage来描述把酒倒入Carafe这件事，更偏重于"醒酒"之意。但是，法语词典里是找不到这两个词的，因为从前人们不在乎酒醒不醒的事儿，造出"滗酒"一词已经够用了。今天已经成为最常用的"不规范法语"之一，法兰西文学院的权威们不认可也没办法。

醒酒，英语和法语至少还有共同之处，那就是都以"空气"来构词，但还是咱们的"醒"来得精妙传神……

賞酒

滋味如何品出来？

CHAPTER III

最有用的品酒词

选衣服得心应手，可一份来自巴黎时装周的报告未必全都能看懂。波西米亚风、流苏与涂鸦，表述的内容本质上是一致的，只是用词不同。世上所有的定义概念，都是为了沟通的需要。心里明白却讲不出来，总会觉得有些孤独；只愿用诗意感性的词语，容易落得自个沉醉、旁人沉睡；仅会用最基本的词语，丰富的内容就会显得枯燥单一。

品酒专业词的最大功用是帮助记忆、促进沟通，同时又拿捏着尺度来褒贬。如果太酸，或发甜，或涩口，或者余味中的苦令人不快，"学院派"说法可能是"酒体不平衡""肥腻""生青""后味不成熟"，或者是粗糙刺口、生硬酸涩……但就是不情愿直截了当说酸、谈甜、评苦、讲涩！

酒精度数：看到心里就有数

有经验又爱议论的酒客，在未品之时，单凭酒标上注明的酒精度已经能高谈阔论一番了。

度数有区间

想进入"葡萄酒"的家族，酒精度至少是8.5度，也就是说，100毫升的红酒里至少要有8.5毫升的酒精。

葡萄品种+天气地理条件，会先天性地给出一个酒精度数的"正常区间"。绝大多数红酒通常在11~15度，是葡萄品种的生理基因、年份气候的熟成条件、酿酒人的主观愿望和需求、技术规范的限制等种种因素的综合结果。

等到对法国葡萄酒的产区和代表品种熟悉到一定程度，你就会明白，为何说一支12度的北隆河西拉子红酒未免清淡，同样度数的黑皮诺就要算经典；14.5度的"教皇新堡"现如今也没什么稀奇，但若是赤霞珠和美乐葡萄的波尔多型混酿就有点过了头。

等到对生产技术也有所了解，就能从酒标上的度数看出更多奥秘。比如同是黑皮诺葡萄，若是出自澳大利亚，14度就没什么惊奇，但假设真的出在勃艮第，那么不是这年热得像下了火，就是酒庄主离经叛道，非得像

▲ 心里明白，说不出来，也挺难受……

"新世界"看齐，把葡萄留在枝头迟迟不收待其"过熟"，或者在葡萄汁里加了糖，要不然就是在酒窖里动用新式技术把酒汁浓缩了。

等到酒入了口，可能还要有惊奇。如果酒体平衡、滋味丰富，就算是15度也未必真能尝出来。后文"酒体"一节将继续来论论酒精度。

10度以下没好货

为什么要给葡萄酒规定最低度数？因为低于此标准，就是用半生不熟、糖分不够的葡萄酿的酒，度数太低，香气不足。

在最低度数边缘徘徊的干红通常没有好货色。入围AOC级别的红酒，酒精度通常都在10度以上。想从地区级往村级AOC晋升的话，还往往要继续提高一点度数呢。

为什么没有规定最高度数？我们发烧到40℃肯定就下不来床，酵母菌的生理机能不允许糖在17度以上的酒精里继续活动，相当于给糖转化成酒精的发酵进程设了天然屏障。所以，16度已经算"高度数"了！

余糖与酒精的危险关系

　　白葡萄酒中有"晚收"一类，糖分高，但都是葡萄中天然得来的。葡萄在成熟之后有个"过熟"阶段，糖度继续升高，也就是说，增强了可以转化为酒精的原料储备。发酵过程中，当酒精含量逐步升高，糖分则逐步下降，各自到了合适的度量，就适时叫停。

　　白葡萄酒，余糖高到150克也能出美女。但红葡萄酒有单宁，口感维度更复杂，弄不好，余糖倒像是"赘肉"。

▲ 酵母菌的活动受温度的限制，20℃左右才开始慢慢动弹，超过35℃，就热得要"罢工"了

在法国的绝大部分地区，"风土条件+红葡萄品种"的综合评定是"只适宜干型酒"。太浓甜的汁就会把糖和酒精置于危险的关系中。酒精度数达到了期望值，但糖还没有减到4克/升以下，不管叫半干还是半甜，尝起来大都很尴尬，甜腻腻如同体重超了标。

因此，红酒江湖中"晚收"者稀少。问起"甜的红酒"，人们往往会遥指向朗格多克那边的"天然甜葡萄酒"，其实那完全是另一个路数，一部分酒精为人工添加，不再属于"酒精全部由糖分发酵而来"的教派。

甜酒的红色小客栈中人迹寥寥，偶有奇侠随异星而降留下传说。2003年夏季横扫全国的酷暑，整个法国红酒世界都忧心忡忡，隆河地区的一家酒庄却把几年来的招牌干红酿到了16.5度，18克/升的余糖量直逼半干和半甜的临界。尺码虽大，却丰美结实，毫不臃肿肥腻，是法国红葡萄酒中最甜的明星之一——并非"晚收"，只是因阳光烈焰的灼烤。

清澈度：时光洗出清心来

在几乎所有的专业葡萄酒品评比赛上，都有"清澈度"的打分栏。绝大多数年轻葡萄酒的外观都非常清澈，现代的酿酒技术又特别重视对葡萄酒光泽的保护，这一项实在属于"送分题"。

因悬浮物造成的浑浊极为罕见，几乎可以等同于缺陷或质量问题。但若是因酒渣未来得及沉降而影响到清澈度，那就是耐心问题。

新酒若有沉淀，定是紫色或深红色，而老酒的沉淀是棕褐色的。

一杯析去了沉淀的老酒，再倒一杯同样产区的新酒来对比，会让你惊奇地发现，酒到老来其实比年轻时要透明、清浅。年少时坚硬的内心、几乎不透明的外观，被时光转化。

酒裙：裙下风光如何赏

深红浅紫，到底用啥词

红葡萄酒、白葡萄酒、桃红葡萄酒，按颜色区分的这三大类葡萄酒，各自的内部都有着极为丰富的色差。

给葡萄酒颜色下定义，不是今人的突发奇想。百年前便有科学家划出来十个不同层次的红，分别描述了由新到老的红酒特征色。先是"第一紫红"，之后有诸如"第五种紫红——紫樱桃的红""红色——红樱桃的红""第一种红——丽春花的红"……最后是"第三种红，发金色的红"！

这样让人抓狂的描述方法自然不会流传太久。现代品酒学的"标准用词"简明易懂，比如宝石红、樱桃红、石榴红……

▲ Robe，酒裙，是个妙词。像匹布料，既说了颜色，又含着厚薄

由于单宁的大量存在，红酒的外观比起另外两种要明显多一重维度：厚薄。可以如同水彩般清浅透光，也可以如油画般厚重，甚至几乎完全不透明。颜色+浓郁度，构成一轮罗盘，为判断一款酒的葡萄品种、产地、酒龄甚至包括质量等特征提供了粗略的定位工具。比如博若莱新酒的鲜紫红色显得单薄透明，美乐葡萄酒常常是浓郁的深宝石红；马尔贝克大多深到发黑，浓作一团……

葡萄品种、地域风土差异巨大的几款酒摆一排，的确有着深红浅紫的明显区别。地区相近而酿造方式不同的红酒也会呈现出肉眼可见的差异，比如博若莱村庄级或更高的CRU级，酒裙中央部位总是比"新酒"更浓郁深邃，"裙边"也从紫色偏离到樱桃或石榴甚至是红宝石的光泽。专业酒评读得多了，一定会留意到"产区""葡萄品种"与酒裙的描述用词之间有着相当紧密的对应关系。

"标准"未必绝对

品酒学的核心并非单词术语的倒背如流，而是长期的经验积累，所谓"标准"其实仅仅是汪洋酒海之中的几小片供落脚、供交流或论战的岛屿而已。就算闭着眼睛也能画出"标准比色卡"，若真的将同产区的几家酒庄的同年份新酒排一列，可能会发现"标准"还是不够用，因为颜色之间依然有着细微差异。专业侍酒师会在"词库"里熟练又灵活地挑拣，凭借的就是活学活用的能力。

喝到某款酒时，如能找到来自酒庄或著名品酒人的评点文字来对照学习当然很好。但要记住两点：酒评有"时效性"——10年前的一段外观评价，拿到现在当然已经走了样；即使是名家评酒，哪怕都是描述颜色，用词也未必完全一致。

说到底，品酒辨色一是为观赏、愉情悦性，二是为分析、辅助鉴别。如果并不以教书育人或侍酒评酒为专业，那么只要心里能将颜色与所代表的葡萄品种、酒龄、品质等信息大致对上号，自己发明一套词汇或者并不诉诸语言，又有什么不可以？

所谓"酒眼"

酒裙的中心可称"酒眼"，通常是最深浓的部位。不管好酒劣酒，酒裙颜色和质地总会随时间褪色。低端酒的"酒眼"可能出不了两三年便已经变浅淡，而顶级名酒的目光会长久地深邃难测，与时间顽强地对视。

有人说，从酒眼的色调可以辨别来自哪一类产区。只有当经验积累到一定程度，才会明白这既不玄妙，更不绝对，而只是一种在很大程度上未必靠谱的方向指示。

在盲品中，专业酒评人和侍酒师会将酒裙、酒眼、"本色边缘"等视觉提示综合性地融入分析判断的复杂过程中。比如，色泽深则预测口感浓郁，反之则预测酒质细致，同时脑中迅速筛选过滤，酒区来自赤道远近？年份偏炎热还是湿冷？葡萄品种偏浓郁还是细致？接下来，香气和入口的表现可能又将刚才的"预测"完全扭转……

▲ 黑皮诺名字"黑"，酿出酒来却清浅

▲ 黑皮诺的葡萄串形状很像松果，果实个头小，粒粒攒紧，果皮是一种几乎呈黑色的深蓝，所以得名"黑Pinot"——Pin在法语里是松树之意

对于刚刚入门的酒客来说，最好还是先忘掉"预测"这件事，而专注于基本知识的积累。盲品有点像考古鉴定，三脚猫是坚持不了多久的，而"专家"也总有力有不逮之时。

赏尽裙下好风光

"酒裙浓郁一定是好酒"？若只凭这个标准来欣赏红酒，怕是要错过太多风光。对背后的知识了解得越丰富，对"美"的感受才越全面。

问品种

红酒颜色来自果皮中的色素。收来葡萄，要带着皮"泡"上两三周才除掉。如果本来就是皮薄或色浅的品种，就算泡到叶底发白，汤色也不会黑。

比照"黑皮诺"和"赤霞珠"就是一个好例子。

和它在勃艮第的绝大多数姐妹兄弟相同，"罗曼尼康帝"也是用黑皮诺这一个品种酿造而成的。虽然"帝"名赫赫，国际市场上的声势甚至压倒拉菲、拉图，若按照"深即是美"的理论，灯光下一杯半透明的红，大概会让人撇嘴：什么破酒，颜色这么淡！不闻、不尝，你便永远不知错过了什么。

有的葡萄"出汤"色重，却未必艰涩难入口。在没有闻、没有尝、不知此酒身世来历之

162

时，单看颜色，也许能大致猜到酒龄大小，却无法预言香气浓淡和味道轻重。

烟火气与汤色

大红袍泡5秒即滤掉茶叶，与泡1小时再饮，颜色和稠度截然不同。但酿酒又岂非泡茶那样简单？

同一种葡萄，这家遵循传统，"泡"得温柔不过火，见好就收；那家追求流行，用现代工艺"最大限度萃取颜色、香味"，深浅自然不同。

同一酿酒罐里发酵好了，不直接装瓶，而先用橡木桶养一年，而且用的是木质烘烤程度很重的桶，"烟火气"会加深一层酒色。

"泡皮"怎样才泡得好，全凭酿酒师像泡茶般在香味和苦味间掌握分寸。至于时间长好还是短好，用木桶好还是不用好，世间那么多葡萄品种，那么多酿酒师，一两句话没法回答！至于谁更胜一筹优劣，不尝一口真的很难讲；就算是尝

▲ 木质烘烤程度很重的桶，"烟火气"会加深一层酒色

了，世间那么多评论家，那么多口味偏好，你又会听谁的呢？

"大小年"

若已知出自皮厚色深的品种，"好红酒外观有厚重感，劣质的较清淡"的论断也并非全无道理。但颜色清浅可能是年份作祟，断言"劣质"未免武断。

假设一家酒庄没有大手笔改变关键工艺，连续5个年份一字排开，得益于葡萄成

长期间天气状况最佳，果皮中各种物质含量高，最老的那支或许依然深浓，虽然年龄最长，仍然活力四射；最年轻的一支却因为八九月份阴雨连绵，光合作用不足，色素合成受到影响，酒裙相应变浅淡。若只是来谈陈放潜力，"深即是美"的说法还有些意义。

新老

"人老珠黄"，酒倒进杯中，酒裙主体部分也是越老越浅。但不同产地、不同葡萄品种、不同酿造工艺、不同年份的红酒，年轻时的出发点就不一样，不可以没有标准地随便比较。

年份相差10年以上的酒，时间对红酒颜色的洗刷，可能已经超过了天气的影响。比如1996是某产区干红的"大年"，多年间一直色深味重，但毕竟生得早，色素分子已经出现了由盛转衰的年龄特征，浓重的深红逐渐褪向砖红。2006年夏季的阴冷让葡萄皮色素含量减低，单宁变弱，但凭着新生代的年轻，仍然是鲜艳浓郁的紫红色。

但偶尔可见异数。有10年前后都是同样的浓重，顽强地拒绝老去的酒；也有深到不透明的黑色，几乎不会泄露年龄的酒。未必是天价顶级名庄，只是天时地利外加人的巧手提醒着我们，在葡萄酒的世界里，轻下断语是多么的不靠谱。

▲ 随着年龄增长，酒液边缘会逐渐染上棕黄色

反光：光圈之下看年龄

"酒裙"不是棉布裙，而是绸缎裙，光泽也有颜色，而且能反映年龄或保存状况。

将酒杯微倾，衬在白色无反光的底子上，

桌布、卡纸，甚至白衬衫的袖子，都行，从斜上方观察酒液边缘。

新酒气血充足，边缘的反光定为紫色或青蓝之韵。储存良好的条件下，从紫转红色再到砖红、橘红，或高龄老酒的琥珀色，大约需要5～30年或者更久的时间。饭局上开了一瓶"82年拉菲"，倒进杯中，边缘部分的颜色若依然红润鲜亮，那一定出了问题。

▲ 不论红深红浅，如果边缘部分红润鲜亮，定然是年轻的酒

年轻人脸色明媚鲜艳，新酒颜色可深可浅，但酒面边缘必是红色系。如果发棕泛黄，说明保存不当。不用试就知道，此酒已有了未老先衰的氧化味，即使残余些果香，也是气息奄奄了。

酒泪：美人未必眼泪多

"摇晃的红酒杯……不寻常的美……"，酒液沾在杯壁上，一道道流下来，赢得浪漫之名——酒泪。

一杯酒精一杯纯水，不用闻不用尝，摇摇杯子就能区分开：酒精发稠，从杯壁上回流缓慢。

酒泪充裕的未必是美人。但若是酒精度数低，轻薄寡淡，喝起来缺少姿色，也确实没什么可"挂"。

▲ 酒泪，也称作"挂杯"

香气：AB型里解风情

葡萄酒香随着开瓶后的时间而变换，随着窖藏陈年而演进，因为酒中太多物质具挥发性、有气味，也许接近千种，甚至有的物质含量微小到无法检测出来，而已经被证实会对整体香气产生影响，如同蝴蝶翅膀的颤动引起的旋风。气味之间，有的此消彼长，有的齐头并进，各自的变化发展及之间的配比关系都会通过我们的鼻腔投影到大脑。

香的秘密风情

花的心，藏在蕊中……酒杯像含苞的郁金香，"闻香"就像捏着花柄闻它的心。只不过，心里藏的香气未必有如花香那样简单。最开始闻上去特别香的，未必是高档酒；开瓶时并不惊艳甚至令人失望的，或许藏着国色天香。

低档酒简单无秘密

有的人认为"酒就是喝的，有什么可闻的！"他可不知道，红酒的香味也"值钱"呢！一枝雏菊相较于众香争艳的花束，一网袋杏子相较于五色杂陈的水果篮，价格怎么会一样？

有的红酒如同劣质香水，有"冲劲儿"却刺鼻；有的刚入杯确实果香扑面，但饭局终了时已经香气涣散；有的一开始就闻不到太多的味道，过了一两小时仍然乏善可陈……香味俗艳，或不够持久，或没有发展变化，都可以说是内涵不深、质量不高，或形容为不够优雅、不够开放，缺乏有表现力。

便宜酒、低档酒未必不好闻，纯净的果香一样能讨人喜欢，但简单没有秘密，不会给我们任何发现的乐趣，而且持续时间短，开瓶后一两小时内状态最佳，再迟些就开始凋落。

不要固守第一印象

像人一样，第一印象的沉稳或张扬绝不足以作为定论依据，丰富内涵才是高等级的标准。有的红酒在最初时就会露些内涵深邃的端倪，花果、香料、黑巧克力……纵然找不到专业词语定义，也让人顿觉"好闻"！有的红酒价格不菲但深藏不露，让人疑惑"没多少香味儿啊"……

拉菲、拉图这样的深厚砾石地上出来的顶级梅多克干红，开瓶后立即去闻，酒香浓郁程度往往不及其数小时后完全绽放开的百分之一；波尔多右岸的蓝黏土地上生出的"柏翠"，即使是最新的年份，开瓶伊始也会浓香摄人，杯未及移近，香已渗入鼻息，晃杯后再闻，那番深邃难描，难免有即将醉倒之感。

不管最初印象是何种风格，要对名酒拥有信心。当开瓶时间足够长，或通过醒酒或随着晃杯促进与空气的接触，它们都将表现出惊人的持续性与复杂程度，深厚底蕴互不相让。斟在洁净而大小合身的水晶杯中，有内涵的红酒就更加有表演欲，独唱变成重唱，二声到四声，你方唱罢我登场，经过明星云集大合唱的高潮，虽然没有群星返台欢乐今宵的谢幕，但"晃杯闻香"让喝红酒的过程充满了欣赏演出般的愉快。所以，便宜红酒拿来干杯也无所谓浪费，而能源源不断予人以"发现"乐趣的好酒，大口干掉就是不解风情！

三类香、AB型

颜色有眼见为实，香气似乎虚无得只能发感慨。但若能从物质本源的角度来了解一番，对酒香的品评就顿时有条有理起来。

A型I，品种香

葡萄本身就有香气。有些闻起来气味并不浓，嚼过之后，在嘴里、在鼻腔里，才一下子香起来，因为唾液发生了作用。葡萄皮、葡萄汁里还有很多的物质，把香气藏着掖着，只有遇到酒精后才发挥出来——这就是"品种香"。来自葡萄原料的香气，也就是所谓的"第一类香气"。发酵过程中，酒精从无到有，从有到多，所以这也是香味越来越浓厚、越来越复杂的过程。

第一类香气的原材料都来自果实，来自根系发展与果实生长的自然环境，所以在年轻酒的盲品中，这类香气指示着前进的大方向：葡萄种类甚至地理和气候的大致特征。果香、花香、植物或矿物香，都是原料可能包含并释放出的香气。

有些葡萄适应地性天时的能力强；有些很倔强，换了水土便发脾气、长不好。还有一些品种，在地理、气候差异大的不同地区里都能生长，但属于不同的"克隆"品系，或者即使品系相同、眉目相似，气质却可能两样。

所以，风土条件好的酒庄总喜欢解释土壤构成，好年份里大家都一定会赞美天公仁慈；所以，在年份酒和非年份酒之间、在酒庄酒和贴牌酒之间，单纯比较"质量"没有意义，它们之间的差别主要是季候与地理特征的强弱表现。年份型"酒庄酒"若酿得不好，纵有"特征"却无美感，远不如"标准化"的贴牌酒顺口好喝。

▲ 对于在Pétrus庄效力近半个世纪的酿酒师JeanClaude而言，土地无疑是奇迹的本源

168

A型II，发酵香

酵母本身也对香气有很大贡献。这种作用神奇的细菌，种类极为繁多，不仅仅会吃糖、生出酒精和二氧化碳气泡，还能制出少量"副产品"，某些有味道，某些有香气。原料本身的差异被小细菌们开垦发掘，又通过酒精这个载体，让人有千差万别的感官体验。但葡萄酒再各个不同，尝起来也有共性，就是因为葡萄汁都要在酵母作用下发酵，具有共同的生化基础。

更有趣的是，不同种类的酵母能生出不同类型与风格的香味——不是加了香精，而是生化作用本身使然。酿造期间中的温度、空气等外在条件也影响着酵母们的工作态度和质量。这些来自酿造进程的香气，就是葡萄酒的第二类香——发酵香（也有人认为酒入了瓶才算完成酿造，所以并不特别划分出"发酵香"，而将木桶培养阶段得到的熏烤味、橡木味、香料味等统归为"二类香"）。

在英语或法语中，品种香和发酵香共用一个"香"字：Aroma/Arôme。我们不妨简称为A型I和A型II。

B型，陈酿香

另有Bouquet这种"B型香"。中文在此体现出局限性，难以找到两个完全不同的词来分别对应A与B，只好将Bouquet作"酒香"或"陈酿香"解，或称"第三类香"。简而言之，这是培养与瓶陈后才出现的气味。

转化的过程就是成熟

除非是专门要打造成Primeur和Nouveau类型，新酒酿成后都要有一段培养期，两类A型香从此开始新的转化阶段。对我们而言，装瓶前的培养过程过于"技术"，只需了解这样几点：

· 在不经培养的年轻"新酒（Primeur或Nouveau）"类型中，没有"B型香"，只有两种"A型香"。

· A型II撑不了太久，几个月后便转化、消失，所以"新酒"要趁新喝掉，方可记住香气最浓时。

·经过培养才装瓶的红酒，同时具有了A与B的香，因此闻起来总是更有内容，保存期限也比"Primeur"型更长。

培养期结束，酒入瓶中，在隔氧环境下陈放，湿度、温度、光线、噪声也影响着香气转化的方向，所以好酒要好好保存。

来自葡萄原料的A型I是B的重要转化基石，"品种香"的浓度与复杂程度越好，瓶陈后的酒香也越诱人。如果培养期间用了高比例的新橡木桶，橡木质中特有的香草醛（也就是"香兰素"）将日常天久地"香"下去，即使在多年后，仍是Bouquet中的重要构成部分。

在新酒中，浓烈的木香与新鲜的果香未免突兀，至少需要几年的磨合期，二者都慢慢成熟起来，关系才逐渐和谐圆融。所以喜用新桶陈酒的波尔多名庄们在少时都不太讨喜。

老酒中总会有类似蘑菇的香气，这也是"陈酿香"特征之一。

好酒老了，远不只有木味和蘑菇味。若用专业术语来形容，还将有香料、巧克力、果酱、动物香……具体表现与层次丰厚程度因地、因品种而异，但都是时光一手塑造而出。

"发酵香"体现出的酿造技术特征在年轻时最为浓重，甚至可能凌驾于土地与气候的特征，却会在瓶陈过程中慢慢减弱直至消失，多年后，谁笑到最后，仍然是浸润在葡萄原料质量中的"风土"二字。

仿佛一场芳香之旅

茶香里有蜜香或红薯香，你我都知道这只是近似、仿佛、相似或相同的化学分子唤起的回忆，并非茉莉花一般真的去给茶叶熏过香。

红酒香气有七八个"家族"：花香、果香、动物香、熏烤香、香料香……其内部还能细分出无数类别，更非"熏香"的表面功夫。

酿造过程中发生一系列包括酒精形成在内的复杂化学变化，葡萄果实中原本韬光养晦、默默无"闻"的众多"芳香前体"发生转变，或者上演与同一"芳香家族"的化学分子相似、程度不同的"模仿秀"，或者实打实地"原音重现"；新酒培养和瓶陈期间，芳香物质们继续转化发展……通过这些"芳香之旅"，葡萄酒与水果鲜花、与青草苔藓树木菌菇、与咖啡或烤面包，甚至是马厩或指甲油等种种似乎遥远而毫无联系的物质奇妙地拉近了距离，具有了和它们相同或相似的香气分子。

不论是模仿秀的会意传神，还是"原音重现"的栩栩如生，百般酒香都是土地、葡萄品种、酿造、培养以及年龄阅历增长的无声流露。

▲ 传统的法国酒庄最为珍视的就是风土特征

▲ 酒香是风土气韵的无声流露

单宁：分身有术是多酚

比起白葡萄酒，红葡萄酒所多出的那个品评维度就在单宁。

说有多复杂，就有多复杂

简要地说，单宁是一种可以与蛋白质结合并发生沉淀的多酚类化合物——所以喝茶、嚼柿子皮或某些果实的种子都有"涩口感"。但并非所有能结合蛋白质的酚类物质都有单宁的性质；也并非所有多酚都能结合蛋白质，比如色素。让我们先记住这一点吧：多酚都有着特殊的化学结构，种类非常多，结构各不同，换言之，多酚都很复杂！至于葡萄酒，它的质地主要受"单宁多酚"影响，颜色主要由"色素多酚"决定。在品评口感时，最常用的还是"单宁"这个简单的名字。

质地分"生熟"

葡萄皮给了红酒大量的单宁和色素，葡萄汁里也有其他种类的多酚物质。它们的质量不仅受风土条件影响，栽培方法也会产生很大影响。

蚕没吐好丝，后天补救也力有不逮；所以酿酒师会说，葡萄酒原料中单宁的成熟度很重要。皮里和酒里的单宁却又不一样，有点像"生丝"和"熟丝"的区别，"生单宁"进化成"熟单宁"后会变得更复杂。

蚕丝变成绸缎，要经过一系列处理。酿酒方式改变着单宁的化学成分和结构，而单宁的组织结构又直接关系到口感。纺织方法有误、技术不佳，织出来的绸缎经纬疏密不匀，所以酿酒师还会说，成功红酒酿造的关键之一是有效的单宁处理。

性情有优劣

酿造结束后，若用了新橡木桶陈放，溶进来很多木质单宁，这些单宁又与葡萄皮的那些单宁不同了！虽能在一定限度内"提供骨架、增加复杂性"，却无法从基因层面改善果实先天质量。若原料本身底气不足，瓶陈数年后，再昂贵的木味装扮也无法掩饰底色的枯黄。

红酒的瓶陈、成熟、香气、口感发生变化，相当一部分是指单宁的变化，包括分子间的不断破坏和重组。可以说，单宁的组织结构直接影响酒的口感。

单宁的性情品质各自不一，有优有劣。某些单宁会逐渐产生挥发性，为香气交响曲加一部和声；另外一些总是粗糙苦涩，任凭时间的耐心也无法调教顺服。

瓶陈过程中，优质单宁将愈加醇和。其他香味物质也在成熟变化，如若大家琴瑟和谐，则酒质必佳。如果单宁本身孺子可教，但发展步调与其他成分总是节拍不合，比如香味浓时却口感依旧生涩，或质地终于和顺而香气已失，皆难称大美。

分身有术

单宁实在是性情多变、分身有术

从新到老，红酒的颜色有变化。光线会玩视觉魔法，酸度也会。新酒中溶解的 CO_2 较多，碳酸增高了酸度、降低了pH值，也让颜色显得更紫更艳。但颜色又未必只向一个方向变化。

年轻色素很活跃鲜红，但遇到了喜欢漂白的二氧化硫就要晦暗些。之后，年轻的色素与单宁们逐步聚合为伴侣，虽总处在持续的分分合合状态中，但总体来讲稳定许多。色素本身还要与酒里其他物质相互反应，衍生出其他新的色素，连科研人员都直喊头疼！不过，若外界状况稳定，多酚分子之间的关系变化便相对缓慢——因此，"声光电"都会影响酒的陈年进程。从长远来看，红酒的颜色总会往浅处转变，变出砖褐、啡棕、琥珀黄。

多酚也能摸得到

多酚不仅看得见、闻得到，而且还能摸得着：酒渣沉淀。

通常的解释是：在陈年过程中，单宁与色素分子或单宁之间聚合，体积变大数倍甚至数十倍，溶解度降低因而析出。但单宁也有可能分裂，变得更小，所以有些酒并没有沉淀。

对酿酒学家而言，多酚的复杂已经人所共知，对此进行全盘解析又是如此困难。就连单宁的结构组成与口感特性之间的关系，就今天的科研水平来看，想完全揭开谜底，仍是难以企及的高度。"单宁"只是音译，它的化学名称才是名至实归。

酒体：美酒未必高大浓

有人这样定义"酒体"：酒在舌头上的重量感，取决于酒精、酒中单宁和干浸出物（extraction）的多少以及酸度的高低。

但"体"仅仅是"重量感"吗？

据《说文解字》："體，緫十二屬也。从骨，豊聲。"意思是：体，总括人身十二个（所有的）部分，字形用"骨"做边旁，"豊"作声旁。

体之骨肉亭匀、纤秾合度，世间审美，似乎莫过于此。

如果有机会和酿酒师聊天，不妨问："你们酒庄怎样确定葡萄采摘时间？"答案也许是"等到糖分最浓时采摘"，但还有些人会这样说：最重要的指标是"葡萄皮内酚类物质的成熟状况"。

他们实际上是在告诉你，糖分高，能转变成酒精的潜在能力就增强，但高酒精度绝非判断葡萄酒好坏的首要指标，而是成熟的"酚类物质"——主要是指皮里含有的色素、单宁——带来的层次丰富、浓郁的香味成分。所以，在极热的国家和地区，葡萄成熟根本不是问题，却少见内涵丰富、极耐久存的高品级红酒。

烈日和酷暑会生出高度数的干红，但会阻止酚类物质的良好生成，而且昼夜温差不足，无法让葡萄中积累起足够的酸度。如果没有单宁挺拔的鼻梁，没有酸度灵动的眉眼，没有果香鲜美的双颊，酒精气便会在鼻腔和口腔里弥漫，让一张"大脸盘儿"显得粗糙滞重或肥腻乏味。

对酿酒师而言，因地制宜确定收成日期对酿好酒很关键；对喝酒人而言，不一味强求"高大浓"，学会欣赏葡萄酒的不同风格很重要！

同一品种，相邻两家酒庄，风土相似，但收成时间相隔半月，酚类物质的含量、香气味道表现已经大异其趣，所出之酒可能风格迥异。不同品种，糖分、酸度、酚类物质等先天基因本就不同，就算全都在"完美时节采收"，风情气质也差得远。

靠北些的勃艮第、阿尔萨斯、卢瓦尔河等大区，红酒的酸甜苦涩往往在12~13度达到均衡。南部的隆河、朗格多克等地区所用葡萄品种完全不同，14度以上的浓郁红酒很常见，若果实不够成熟，酒度上不来，香味也不会充沛。若酒精度高，而且果香浓郁、酸度合适，且有足够的单宁提供一定的涩感，让口味不至于流于肥腻，这类浓眉大眼、高鼻厚唇型的红酒也非常讨人喜爱。

层次：最高境界是和谐

即使是最低端的那些葡萄酒，能让我们感觉到味道的物质少说也有几百种。酸甜苦咸是味道的基本分类方式，它们的配比关系构成层次，而层次的最高境界是和谐。

和谐是种境界

如果问葡萄酒圈子中的法国人，红酒怎样才叫好喝？回答多半只有一个词：平衡。但这个词真够抽象。怎来理解这个看似神秘的"平衡"？

长了个翻天鼻，就算别处生得美也看着别扭；五官分别端详并不出色，但没有突出的缺点，凑在一起反而有可能挺养眼。对于葡萄酒，最怕听人说"某某指标越高素质就越强"。单项指标偏高，但与其他不成比例，都难称好酒。

年轻红酒酸苦涩更明显

我们尝完一支酒后最常说的就是"这酒挺酸的"，或者"后味发苦"，或者"太涩"。而法国人自己并不认为像我们描述的那么酸、那么苦、那么涩。

这一分歧的最大原因就是我们还不清楚：酸味与适度的苦味和涩味是几乎所有干红都应该具备的"基本素质"。

越高端、越耐久存的干红，在特别年轻时酸味和苦味就越明显，通常还伴有明显的涩味，让不谙酒道的新手望而生畏。展会上推介的大都是新酒，若期待尝到柔和甜美，难免要大失所望。

无糖也能甜

干红里边几乎没有糖，但一定没有甜味物质吗？一瓶750毫升的干红只含不到3克的糖分，但有大量酒精、甘油。如果这些糖分与酸味和苦味物质比例适度，就会感到圆润醇和，甚至有一丝甜味。但干红终究是以酸味为主，不能像果丹皮又酸又甜。

来自不同产区、不同葡萄品种的干红也会有很大差异。青藏高原少见杨柳细腰，人高马大也不是江南美女的标志。有些产区的干红确实带"甜头儿"，有些则苦味与涩味更明显。随着了解的增多，就会对红酒的诸多表现见怪不怪。

酸，耐受力的问题

另一个原因自然来自饮食习惯。

总体而言，法国人对酸的耐受力比我们强。从"食"上看，法国的传统正餐是两咸一甜或三咸一甜——头盘、主菜加奶酪和甜点。上甜点之前，罕有以甜为主的菜式。烤鱼要浇柠檬汁，生蚝要配红酒醋汁，沙拉要调橄榄油醋汁，从未听说过西红柿还能用糖拌……我们的菜式除了山西、湖南、云南等少数派系，往往要用糖来调和酸，酸甜适口才是褒奖美食的常用语。

至于"饮"，除了法国个别地区流行点杯甜白酒当开胃饮，除了"贵腐"搭肥鹅肝的经典配，很少人会用甜味饮料将佐餐进行到底。而国内的餐桌上少不了可乐、果茶、酸梅汤，关注健康的人更会点鲜榨汁来伴餐，在众多以甜味或酸甜味为主的饮料中，红酒的酸一下子显得非常突出。

苦味是余韵中的音符

喝中药，舌尖感不到药的苦，咽下去后，苦味才从嗓子里反上来，说明苦味总是反映在口腔后部，所以红酒里的苦是构成余味的重要部分。当然，红酒不是药，非得"良药苦口"，太酸、太甜、太苦、太涩，都不是好酒。

红酒中所含的各类有味道的物质有数百种，比任何饮料都要丰富，苦味只是其中之一。好酒和坏酒的一大差别就是，前者的各种"呈味物质"调和均匀，苦味浓淡适度。若质量达到更高档次，苦味还会在余味里与其他香味交织绵延，构成悠长不尽之感。而坏酒的苦味突兀，强烈到遮盖、破坏其余味道的地步。

没有涩味是速食型

可能只有在红酒里，涩味才能成为一个优点——当然，严格来说，涩只是"由于上皮细胞暴露在明矾或单宁溶液所产生的起皱、收缩的感觉"〔根据美国测试与材料学会（ASTM）的定义〕，而非"味道"。

经过"泡皮"，葡萄皮里的涩味泡进汁里，糖发酵变成了酒精，而这种有涩味的叫作单宁的多酚类物质也经历了复杂的成长变化，很小的一部分会随着装瓶前的澄清步骤而离开，其余都留下来随酒一起长大成熟。有劲道的干红，必然有强劲的单宁撑腰。

没喝过红酒，很难想象涩有什么好处，所以有人会觉得果汁一样的干红才好喝。像小孩子爱吃奶油巧克力，即使可可豆含量少，牛奶也是脱脂的低端货，但能凭着甜滋滋讨喜。而纯黑巧克力滋味起伏有致、余韵深远，就像单宁充足、各方面都很饱满的那些红酒。但不习惯的人会为涩感纠结，无暇揣摩其他的韵致。

不管什么风格的酒，都会有人觉得好。喝得多了，喜欢的风格就肯定不止一种。好酒应该涩到什么程度，不可能将每个人的主观结论统一成共识。但关于涩味，毕竟还是有一条真理：年轻时就没有涩味的红酒，一定是"速食型"，最好趁年轻时喝掉，禁不起多年的陈放。

甜酸苦涩，比例和谐是好酒

如果不习惯酸味，对苦和涩也会更敏感。

苦与涩全然不同。柿子皮只涩不苦，黑咖啡只苦不涩，但一入口却很容易混淆，因为酸、涩和苦很喜欢互相较劲。假设有两支酒，理化指标检测得到相同的酸度与涩度，但其中一支苦味物质多些，这支酒喝起来就更酸更涩。

涩柿子如果够甜也算好吃，苦咖啡换成"三合一"就容易入口，炒鸡蛋西红柿放勺白糖便不那么酸了。这说明，甜味能缓和酸涩苦。但干红里仅有的3克糖是不够用的，需要酒精和甘油来当外援。

被测出酸苦涩物质"三高"的红酒，酒精度高一些便可协调，能给你浓郁甘醇的享受。相反，超过14.5%的酒精，若没有酸的平衡，没有涩的维度，没有苦的回味，就像高大痴肥的身体，没有了甜美曲线与优雅芳香，只显出酒精本身的苦。

所以，"比例"才是关键词。好喝的干红一定是不偏不倚、讲究"和谐"的。

干红要是太甜，好像人大腹便便
酒精度数过高，要其他几味来调
涩得口张不开，让人可怎么去爱
没有一丁点苦，回味就不够满足
酸得实在过头，那只能兑雪碧喽……

"咸"话两三句

酒中有很多类矿物质，有些本身有咸味，有些没有。矿物质会影响对其他味道的感觉，比如加强酸味或苦味度，或者改变对单宁的感受——这一点，我们只需比较用矿泉水和纯净水沏出的茶就能体会。有时候，酒中真的会有点细微的咸味，有些酒评人喜欢描述成"矿物口感"，当然你也可以直接说"有点咸"。

"鸡尾红酒"有理由

红酒知识逐渐普及开，很多人都知道红酒兑雪碧很可笑。还曾有著名导演调侃：外国人辛辛苦苦把红酒里的糖脱掉，咱们又给兑回来了。

其实这也是事出有因，多年前曾有一段时期，国外低质红酒大量进入中国，香和味都无从谈起。"红酒兑雪碧"应运而生，成为中国大地最为流行的"自创鸡尾酒"。

大牌子的干邑广告也说"有多种饮法"。老年份XO适合"纯饮不加冰"，入门级的VS和VSOP口感没那么醇和，兑苏打水更顺口。遇到喝不惯的低档干红又舍不得倒掉，当然可以按自己口味调配，兑雪碧还是冰红茶都不值得大惊小怪。只是低端红酒在酿造过程中的各种添加物可能比较多（特别是硫化物），再加上用苏打糖水勾兑，对身体的益处恐怕乏善可陈。

余味：只留给那有心人

世界上最有影响力的酒评家美国人罗伯特·帕克（Robert Parker）对葡萄酒的"aftertaste"的解释是：饮下葡萄酒后，口中剩余的味道，它与"finish"是同义词。

不过，用不着等他来解释什么。"余味"，这两个字的组合已是最完美的定义。更不用等他来提醒"长度"与"余味"有关。戛然而止还是余音绕梁，我们有生动得多的语言来描述形容。最重要的，其实是用心去感受。

"伟大"藏在余味里

"如果说，和谐和平衡是'好酒'的最重要标准，那么，悠长而又馥郁芬芳的余味是'伟大的葡萄酒'的定义。"现代酿酒学之父埃米利·佩诺在出版于1983年的名作《论葡萄酒的口味》（*The Taste of Wine*）中如是说。

同一产区的葡萄酒在年轻时，也正是单宁的鼎盛时期，劲头强劲得可能会令未经训练的味蕾忽略掉层次上的差别，但余味却难以"藏拙"。低档的、品质平庸的葡萄酒在落口之后味道戛然而止，如同过山车从峰顶呼啸而下，然后……就没有然后了。如果余味粗糙、令人不快，那就不仅是"普通"或"低档"的问题了，而是"劣质"。

一些品酒名家认为，一款酒是"好""伟大"还是"无与伦比"，余味的长度几乎是唯一也最清晰的判断基准。

- 不到5秒，这酒不值得花工夫去评论。
- 6~10秒，有点儿意思。
- 持续15~20秒，真不错啊！
- 持续20~30秒，太棒啦！
- 持续45秒以上，伟大！
- 更久……那就是妙不可言了……

余味的质量高低与一款酒是否"易于入口"并无直接关系。有些红酒落口"不酸不涩"、和蔼可亲，伴餐甚至干杯，都挺合适；可是余味清淡，背影倏忽即逝。那些真正的卓越伟大之酒不仅余味绵绵，而且在各个年龄阶段都各有其美，其千变万化的一生，如同交响乐一般无法用语言尽数。

背影待寻

有一些酒，在"高大浓"方面颇为引人注目，但回味未必优美、和谐。在柏图斯酒庄（Pétrus）工作了40年的传奇酿酒师让-克劳德·贝鲁埃（Jean-Claude Berrouet）曾给著名葡萄酒杂志*Decanter*的驻波尔多记者Jane Anson上了一堂生动的课程：他给对方品尝两杯浸泡时间不同的同款乌龙茶，泡得更久、因而更浓也更涩的那一杯却在余味上令人失望。

酒落喉中，"背影"的曼妙与否，是每个人都能有所感、有所觉的。但若心有旁骛，或不留足够时间去体会而立刻品尝其他，这也是最容易错过的时刻。一款酒需要至少几分钟才能充分展现自身，品评者才能通过余味来进行完整的质量评判。这也是为什么贝鲁埃曾明确表态：会对波尔多的"马拉松式"期酒品尝周即便不说是反对但至少也是极为怀疑。

至于形容余味的词，有辣、苦、涩、圆润、粗糙、浓郁、清淡……更加具体而微的，比如胡椒味、李子味、甘草味……各人经验不同，感受有异，实在无法强求一致。如果你与"品酒大师"同席，对方可资学习的最重要本领，其实并非"技能"，而是"状态"。

电影片尾的"彩蛋"，是对守到散场灯亮的铁杆影迷的最佳报答，一支美酒的余味，也只留给有心人。

伟大的"通感"

抛开酒本身，单从神经科学角度来看，在一款酒收尾时，我们的知觉系统及神经末梢会产生交互式反应，带来复杂的感官体验——科学家称之为"共同化学感觉（chemical sense）"。

那些被誉为"伟大"的名酒，在很大程度上，就是能够令人产生复杂而优美的"共通化学感觉"，并达到了"普通葡萄酒"所不能达到的高度。因此，杯口内拢的郁金香杯对于欣赏酒香是必要的，而对于感受余味，酒杯形状其实是无所谓好坏的。

盲品：颠覆感觉和经验

盲品识酒不是魔术，更非胡猜。它会给品酒赏酒过程带来意想不到的欢乐。好像没有比"盲品"更能让人体会到：所谓"感觉"或"经验"是件多么不可靠的事啊。

听脚步声判断来人，从一个尾音判断出生地，凭的，是"熟悉"二字。若给出了比较具体而有限的地域范围，即使不闻香气，非常了解该区地理条件以及每家酿造风格的人，是有可能仅凭颜色差异判别出更具体的产地与年份的。

人脑像一台精密计算机，内存要海量，数据要庞大，还要有专门存放个别案例的数据库，再加上正确的分析运行程序，以及一定比例的运气。几年间喝了无数的波尔多左岸，恰巧考试的这款酒正是个经典梅多克，没上过品酒专业课的味蕾也能给出答案。犄角旮旯挑出一支酒，用的是世上绝无仅有的一个品种，估计大部分侍

▲ 国际葡萄酒评选赛上，评委们通过"盲品"对葡萄酒打分

酒师要认栽。

人脑毕竟不是电脑。曾问几位"法国最佳品酒师"，两杯年轻葡萄酒，一个用木桶陈放，一个用橡木片加香，是不是尝得出？答案几乎全都是："在我状态好的时候是可以的……"

除了状态，还有气氛、环境，以及更加要命的心理暗示。黑屋子里，嗅觉和味觉不是变灵敏，就是把方向迷失。红酒斟进完全不透明的黑杯子，品酒专业课上的学生甚至可能闻出白葡萄酒的气味。

品尝学的确有不精确、个人化的一面，同时又是一门科学、可以为基于主观的分析提供客观的理论依靠。编写一个"盲品分析软件"，各个"程序员"的思路不会完全一致，但总是共性与个性兼具。下面用粗线条勾勒一下某侍酒师的盲品分析过程：

个人认为，观感太容易让人先入为主。因此先不细看颜色，而根据香气指示的大方向来判断品种和新老。下一步品尝，根据单宁力度、果香浓度、酸度等，来判断产区和年份——这确实要求你对每个产区的"大、小年份"有充分了解。接下来，根据第一猜想来观察颜色、核实观感是否给出一致结论。透明度、酒液边缘的颜色都是品种和年龄的判断依据。到了这一步，综合各方面印象，对产区和年份应该已有几个备选答案。如果这款酒恰巧在很熟悉的产区中，闻香的第一印象应该能立刻唤起你的直觉——相信它吧。如果真的在经验范围之外，可能一会儿觉得像这个，一会儿又觉得像另一个，最后即使猜对也没有意义了！

▲ 黑色试酒杯，任何酒倒进去都再看不出颜色。而失去眼睛的导引，味觉和嗅觉还会那么灵敏吗？

另一名侍酒师的"盲品陷阱"亲历如下：

和几个葡萄酒专业的学生出外聚餐，在座还有一位教授。酒单很特别，有好几"套"分别包括三杯不同产区的红酒"套饮"。趁大家去洗手间的空儿，我做主替所有人点了两份共六杯，其实只有三种酒而已。读着杯托上的产区介绍，忽然有了个坏主意。

撕开餐巾纸，迅速做好纸条，写上六个不同产区。大家重新入座后，我忍住偷笑的欲望，说为了增添晚餐气氛，酒要盲品，并要将每杯对应上纸条上写的产区。好戏正式开场！两杯一模一样的酒，教授竟断言一杯是加州一杯是智利，其他人也未显示出超人智慧。我实在不忍心，一连提醒了三次："这里有个陷阱！"可除了西班牙酒对号入座无误，另外四杯就众说纷纭了！

谜底揭开时，我自然是挨了一顿骂，教授却语重心长地提醒道，"看，品尝是一门多么不精确的科学啊！"

质量问题

酿酒技术发展到今，

除了"木塞味"防不胜防，

让一瓶酒带着质量隐患出厂乎是不可能的事。

若色香味失常，

最常见的原因是出口运输中或后期保管过程中的失当，

未必都能用"质量问题"一言以蔽之。

症状：装的还是真病了？

咳嗽发烧，大概是感冒了；起了包，估计是发炎了。气色不好，可能是真病了，也可能是疲劳，或只是因为光线不好。有些伪症状，不必为之大惊失色，调养一下就好了，或者根本只是正常的生理现象。

装的

刚打开的酒，不晃杯便去闻，有时会有奇怪气味。闻起来也许像臭鸡蛋，也许像潮湿的地窖、湿海绵湿抹布……如果随着晃杯这些奇怪气味便渐渐闻不到了，或过一会儿自动变淡直至消失了，这样的酒其实没有质量问题，只是可能被强光照过，需要一点时间来恢复；或者在隔氧的环境下封了很久，就像人睡了长觉刚刚起身，屋里的味道不好闻。开开窗户，抖抖被子，空气流通了，新的一天就开始了。

若刨根问底，这类气味有个统一用词——还原味，须归因于酿酒中添加的硫化物。瓶中的酒就是中学化学课上学过的"氧化还原反应"中的"失氧方"。有些产区的酒出现"还原味"的机会更多，但只要"吸氧时间"给够，总会自行消失。

红酒再次提醒我们要有耐心，特别是经验不足的话，不要立刻宣布坏掉。加大晃杯频率和力度，或者将酒留在瓶里10~20分钟，再做结论不迟。

以下是一些常见的伪症状。

紫色酒石酸结晶：打开软木塞后，若在酒塞末端发现小粒的紫色结晶，这是红酒保存过程中的正常现象。

瓶内壁的色素沉积：在老酒的酒瓶内壁上，可能会附着肉眼可辨的深色"污迹"。

酒渣沉淀：影响观感，喝到口里吐出即可，不值得过于激动。

铜钱能去除的臭味：确保杯子没毛病，却仍然闻到了臭鸡蛋味、霉味……且慢上纲上线定性为变质。加紧晃杯，让红酒"有氧呼吸"一会儿，若臭味消散，便不足为虑。还有一个方法更有效快捷，还能让你显得专业又神秘。找一枚铜钱，洗干净丢进杯子。如果怪味消失，那就放心喝吧。

其他怪味：有些怪味是你还没习惯，喝惯了赤霞珠+梅鹿辄+品丽珠混酿的年轻波尔多，突然换个品种，也许最初难以适应。保存良好的优质老年份酒，会有所谓的"马厩味儿"或"蘑菇味儿"，你未必立刻就会喜欢。

杯子本身有异味：养成好习惯，倒酒之前，先闻闻杯子有没有洗涤灵味道，有没有油腻感，是不是擦干净了。

真病了

漂浮物：如果液面上漂浮有金属状的闪光小点，那一定是出了问题。

浑浊：沉淀不是病，浑浊才要命。如果出厂前没有过滤就装了瓶，年轻干红也可能有较深的紫红色渣滓，甚至能有1毫米粗细，静置一会儿就清澈了。但"浑浊"

多半是生了病。若更伴随刺鼻气味，就有九成把握了。

怪味驱散不了：如果通风换气或铜币都驱散不了，像轮胎、洋葱，或者菜花等怪味，历久弥"臭"，就是酿酒过程中出了问题。不过，除了在酒庄里能尝到搞砸的半成品，从店中买回臭酒的概率如今已经非常小。

木塞味：详见下节。

醋味儿：闻起来喝起来都可用尖利、刺激两个词来形容的酸味。有些低档酒很酸、不好喝，但并不刺鼻，和醋的酸不一样。

"木塞味"，可以原谅的罪

酒中有烂木头、烂报纸或灰尘等霉味，这就是"木塞味"的典型症状。

不论罪魁祸首是谁，任何酒都能碰上，不分高低贵贱。但难办之处在于，这种异味并不像腐烂的肉一样只有臭味，而有可能混杂在正常的香味里。而且有轻有重。如果只听说过还没遇到过，即使遇到也有可能辨认不出来！

以下情况皆有可能发生：

酒本身毫无问题，只是因为不喜欢其中某个味道而认为酒坏了；

▲ 酿酒技术发展到今，只有"木塞味"依旧防不胜防

确实有木塞味，但若没有经验，反倒会认为是这款酒的特点；

酒确实有异味，但实际上并不是"木塞味"。

元凶难辨

纸上谈兵如此困难，只恨不能像时尚杂志里附送的香水小袋那样附上"木塞味样品"。这里对木塞味根源作简要介绍。

▲ 这串"葡萄"是用全天然材料制成。将有了"木塞味"的酒倒入容器，再放入一串"葡萄"可将酒中的"木塞味"吸走。

以前人们认为这些怪味来自软木里的杂质，或软木除虫剂没清除干净而且防不胜防，软木塞尽管"九全九美"，但因为这一弱点而担起了元凶之名。

后来发现，木塞未必是真正元凶。存储包装材料或酒桶的环境中若使用了某些杀菌剂，或者酿酒过程本身出了问题，酒装瓶前就已经被细菌感染，但当时未必能尝出来。装瓶后，分子之间发生极为复杂的反应，怪味方才现身。

今天人们已经掌握了足够强大的科技手段，能彻底杜绝木塞中的杂质和除虫剂的隐患。但"木塞味"作为专门形容某些异味的术语，或许还将长期存在下去。

保鲜膜能治"病"

前几年，一位专门从事葡萄酒方向的化学研究的美国教授发现，聚乙烯薄膜可以吸附TCA分子。这是个颇有实用意义的发现，给染上了"木塞味"的葡萄酒找回来一条生路。以下两种"治疗方式"经由各国酒友们实践，证明可以有效缓解轻到中度症状。

· 把酒倒入醒酒器，取30厘米长的一段保鲜膜，松松地卷起来，插进酒中，把上端固定好。浸泡20~60分钟。

· 用保鲜膜把容器包裹起来，把酒倒进去，等待几分钟。

可更换保鲜膜，重复几次，但要留心酒被"醒"得过度而适得其反。如果酒龄已老，要慎之行事。

如果想把酒再灌回酒瓶，记着先把瓶子洗净。

聚乙烯薄膜也会吸附一些其他构成葡萄酒香气或味道的分子。所以，既是补救，只要能把一瓶顶尖名酒的命运从水池边挽回，就得知足，要把心理期待值降下来。

鉴别：轻轻松松来"捉妖"

酒若真病了的话，症状会在眼皮下加重。刚开瓶时，表现出一点点不对劲，接下来越来越厉害。若是在餐厅，马上请侍者来换掉——如果不是半瓶已经下肚

▲ 葡萄酒的鉴赏虽然有所谓的标准，但感受和经验又是非常个人化的事情。一款酒到底有没有毛病，并非所有时候都能达成共识

的话。

晃杯将让气味变浓、变复杂。在已知酒没有问题的情况下，晃杯有利于闻香，但若真是有问题，反倒破坏了第一现场。酒刚倒好，先不要去晃它，鼻子伸入杯中轻轻嗅一下，是不是刺鼻？有没有轻微的霉味儿？那些令酒生病的气体分子挥发性高些，沉不住气，会先露蛛丝马迹。

若捕捉到疑影，可一只手手掌平放，捂住杯口，另一只手使劲晃杯，之后放开杯口，立刻去闻。如果真的坏了，怪味会更明显。

想训练自己的"捉妖"本事，可以买一套带有"缺陷样本"的"酒鼻子"。

▲ 这是一套专门把葡萄酒中最有可能出现的12种"缺陷样本"集中起来的"酒鼻子"

礼仪和规矩

小口啜饮，很多香味才有机会陆续亮相。

但若酒斟满杯，一晃便洒，而且香满则溢，

长腿和大肚子都失去意义。

逢杯必干，用什么杯型也失去了意义。

斟酒：法国人也很讲究

法国人喜欢在饭桌上开玩笑说，谁喝最后一滴酒，谁就将在今年结婚！

谁给谁斟酒，有点讲究。

谁给谁斟？

小型晚宴

在高档餐厅、宾主同桌的小型晚宴上，酒瓶或者醒酒器/滗酒器不会放在桌上，而放在旁边的台子上，由侍者根据客人的进度侍酒。

如果你是主人——

·看到桌上有人的杯中已经所剩不多，而侍者尚未发觉，你可以用点头或抬手示意侍者过来斟酒——但不要将手高举过头！除非餐厅里真的人非常多。

·如果大家杯中酒所剩不多，也不要着急催促或指责。除了极特殊的场合，法国餐厅里的侍者不会在包房的角落里待命。

· 除非是极熟识的朋友，否则不要为客人斟酒。

如果你是客人——

· 即使杯子已空，也不要自己起身去拿酒瓶为别人或自己斟酒。

当侍者来斟酒时——

· 通常并不需要举起杯子，可以稍稍举起，不用倾斜，也不用把杯子递过去。如果杯子的位置很不方便对方倒酒，可以挪动一下杯子。

· 向对方说声谢谢。

· 若不想再喝了，待侍者过来添酒时告诉他就可以了。不要用手遮住杯口，更不要把空杯子扣过来！

大型正式晚宴

在酒店包场、宾客众多、分桌而坐的大型正式晚宴上，可能每个桌旁单设一个小台子放置酒瓶或醒酒器/滗酒器，但也有可能直接将酒留在桌上。侍者的服务可能未必像小型宴会那样及时周全，如果这一桌都是请来的客人，大家可以主动为身边的人倒酒。如果你和主办方人员同桌，就不要这么主动了。

方式方法

杯子大小不同，多少毫升不能一概论，斟到肚子最宽大处即可。

如果酒在瓶中——

· 倒酒时握着瓶身下方，不要攥着瓶颈。

· 如果瓶中酒所剩不多，倒之前留意看看瓶底是否有沉淀。没有沉淀的酒可以倒尽最后一滴。

如果酒已经在醒酒器中——

· 可以单手握瓶颈，也可以单手把持底部。为了保险起见，可以用两只手握醒酒器。

· 如果仍有未滗净的酒渣，留意不要倒进杯中。

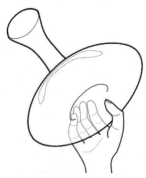

▲ 单手把持醒酒器的底部斟酒

持杯：拿捏真是门艺术

葡萄酒杯的"拿捏标准"并无绝对，只有优雅与否。

不论酒杯是身高脚长还是肚胖腿短，手指捏住杯腿的中央，姿势就不会走样：以杯腿中部为界点，拇指指肚放在界点左右，与另外三个手指的指肚到第一关节的部分捏住杯腿，小指也顺势贴在杯腿上，不要翘起。

▲ 最好把小手指收起来，否则法国男人会以为你有意与他搭话……

▲ 这样拿酒杯，真的很寻常

192

将杯腿"满把攥"当然很难看，可如果酒太凉，完全可以捧着杯子焐一焐。不分实际情况或场合的"优雅"，其实是别扭。

晃杯：晃出不寻常的美

若把红酒分为不耐存的、半耐存的和耐存的，那么关于"品"，也应分为不用品的、不用慢品的和需要慢品的。晃杯的必要与否，由此而生。

晃的名堂

有些酒，身轻底子薄，倒进大肚水晶杯也不能化凡为宝，鼻子全埋进去也还离着香味老远。没见街头小馆的boy总用个敞口小杯、将便宜散酒斟满端上，用不着特地晃杯闻香，平着轻抿一口——酒里没藏太多秘密。

▲ 卡奥尔法定产区（Cahor）的特色葡萄品种马尔贝克（Malbec）酿出的酒颜色非常深，以至于得名"黑葡萄酒"。当地的葡萄酒行业协会设计出一种杯脚上带圆环的酒杯，用来象征风土与饮酒人之间的纽带。后来，又有人想出了新的玩法：用黑巧克力做成杯子来尝酒！看，这就是"黑色晚会"海报

有些酒，用粗笨的气球杯就对不住了，至少要用个头中等、符合"胖肚拢口"标准的高脚杯，最多倒1/3满，才方便"晃杯"，香气也值得鼻子多耽搁些，多做些深呼吸。

有些酒，不把水晶杯擦得透亮里外三新，都舍不得倒进去。杯子个头也得根据酒的路数来挑肥拣瘦一番，才能让香气分子们都愿意陆续登场表演，得到你的欣赏和赞誉。晃杯后，香气更加浓郁，而且比最初多了一些刚才没有的气味。就像捧着

一束花，最开始闻到最奔放的香，再慢慢地嗅，
玫瑰的浓香中好像还夹杂着菊花的清香，茉莉的
芳香中可能还散发出兰花的幽香……

晃杯技巧

"晃杯"，并非左右晃或前后晃，而是让酒
在杯中打旋儿。

在餐桌上，找一点空地就可以做。手掌放平
向下，手腕靠在桌边或悬空，用食指和中指的中
前部夹住杯腿的最底端，指腹贴着杯脚，两指夹
紧杯腿的同时，稍微向杯脚施点向下的压力，画
圆。画圆的过程中杯脚始终平贴着桌面，半径、
速度自行掌握，让酒在杯子中旋起来，注意不要
泼洒出来。

▲ 手夹住杯腿，贴着桌面画圆

西餐晚宴上，杯子很多、盘子很大，没有多少空地，不太方便将杯脚贴在桌面
上"晃杯"，怎么办？拿稳杯腿，用手腕的力度来画圈，酒杯保持垂直或者倾斜一
些都可以。不要用整条胳膊来晃。

如果酒杯很大，分量较重，捏杯腿的位置低一些会方便晃杯。

晃杯是为了促进酒香散发，增加闻香的乐趣，转动的圈数和用力程度都有名
堂，会影响到杯中酒的变化。

如果你晃杯较频繁，而邻座却一直没怎么动过酒杯，假设20分钟后杯中还都有
余酒（中间没有添过酒），这两杯的香气一定是不太一样的。究其原因，就是你的
杯子中的酒与空气接触多，香气变化快。

· 不要边晃边闻。应手停下来，随即闻香。
· 像闻花一样，将鼻子放进杯中缓慢吸气几秒钟，避免发出"咻咻"的吸

气声。

　　·如果香气较淡、不明显，画圈动作可以加快，并增高晃杯频率，留意晃杯后是否会有变化，是否会变浓郁、变复杂。

　　·如果香气有变淡的迹象，就要减少晃杯频率了。

　　·不要一直不停地晃杯。

　　·在和别人说话时，最好不要晃杯或闻香。

　　如果正巧感冒鼻子堵塞，虽然不能闻香，但晃杯同样会让口感发生变化，比如令一款年轻的涩味较重的酒变得柔和一些。

品饮：古人云"三口为品"

　　中国式宴会讲究觥筹交错、推杯换盏，喜欢红、白、啤都按一套规矩来。进入不到葡萄酒的内心。如果能听从自己的节奏，也许所有人都愿意将"喝"换为"品"。红的也好，白的也罢，夫妻、父子、朋友、同事，酒的香，菜的味，平心静气，津津有味。

　　小口啜入吸气搅动，布满口腔回旋数番才咽下，之后还"啧啧"咂舌。这是一

支好酒应该得到的礼遇。

　　品酒时做笔记，能帮助自己专心下来、安静下来，更快地深入一款酒的内心。品酒笔记并没有标准格式，如果酒中某些特质格外地触动了内心，自然可以洋洋洒洒地多些抒情。不过，"专业酒评"的风格现在日趋同一，色香味一路评论下来，风格力求简明扼要。摘抄一段如下。

　　Intense ruby red eye, the density is already present.（颜色呈浓郁的宝石红。）

　　The nose is complex and very pleasant with sappy notes, mature fruits（black currant, plum）and delicately smoked.（香气复杂，令人愉悦，带有成熟的覆盆子、李子等黑色水果香，以及微微的烟熏香。）

　　The attack is ample and dense, developing on an attractive acidity.（入口浓郁有深度，酸度好。）

　　The final is long, powerful with very attractive tannins.（余味有力而长久，单宁质地佳。）

　　最开始写酒评时，如果不知道如何拿捏用词，当然可以捧着葡萄酒指南来对照自己的品酒感受。如果实在辨别不出那些所谓的"水果香""木桶味"，也不妨先用一些模糊、感性的词，比如"复杂""好闻"，或者"有一定层次感"……待日后喝多了尝多了见识也多了，对用词深浅程度的把握就自然而然更有心得。

　　如果实际感受和专业杂志上酒评文字的差距不小，也无须马上怀疑自己的欣赏能力或判断力。特别是如果觉察出"专家"并没有提到的香气或味道，一定要勇敢地说出来——或许你的感受非常正确，只是词语没有用"对"；或许真的是你有道理，嗅觉味觉比那专业酒评人更灵敏。

　　此外，别忘记葡萄酒是一月月、一年年变化着的，杂志上的酒评也有"时效性"。5年前的一段文字，当然与今天的感受不同。

　　"感受"并没有对错之分，只有"词不达意"的问题。比如，浓郁和深度就常被混淆，其实二者并不是一回事。盐水再浓也平板而单调，香菜牛肉萝卜汤稀释了之后依然富于层次和深度。所以浓郁与深度齐备才算真正优秀。

就像音乐、绘画，"行家看门道"的愉悦必须建立在专业知识的积累之上。用文字来描摹音响、色彩、形态、味道……让其他人对细微差异也能感同身受，或许这是品酒的终极之乐。

吐酒：不丢面子不遗憾

在名庄试酒会上，喝到口再吐掉，难免有种失落感。建议你啜入一小口，经过晃杯闻香、"吸气漱口、舌头搅拌"后，不完全吐净而留一点点咽下去，让几滴酒进入喉咙，之后呼吸，酒就会通过气管于鼻腔和口腔中产生回味，口腔后部的余味长短、优劣表现也已经清楚了。一小杯品尝的量，可以重复做好几次，比起一口喝掉后再反复去展位上要酒喝，更能加深印象。

不管尝的酒有多贵、多有名，"吐酒"绝不会让展台后的主人不高兴，认为你

▲ 试酒会上，吐酒桶是必备

▲ 面包块和清水都是试酒时的"标配"

是"浪费"。也不必担心当着众人的面吐酒"不雅观"。

吐掉前一支酒，也是为了对下一支酒的尊重，为了保持清醒的头脑。试酒会未及过半，已经喝高了、喝大了，难道不是不雅观？舌头再也作不出任何判断，难道不是另一种浪费？

如果并不是在品酒会或红酒主题的正式晚宴上，主人可能未必备有吐酒桶。如果不喜欢某款酒，咽下后喝口水，余下的酒留在杯中即可。

其他：细节之处显优雅

等待主人先举杯，不要边说话边喝或边吃边喝，不要边喝边透过酒杯看人……有些礼仪是东西方通行的。但另一些，可能未必在我们的中国式餐桌礼数之内。

喝酒不留痕

法餐中也有很多酱汁浓重的菜式。每次举杯饮酒前请用餐巾拭嘴。

有的红酒本身颜色很浓，酒过三巡，杯沿内外有酒液回流和口内酒液在杯口留下的印记。每次举杯喝酒时，嘴唇落处最好都在一个位置，酒液回流也只沿一处，不会把杯的内壁全部染上色。

尴尬口红印

《色戒》里的口红印暴露了假麦太太的身份。即使在法国这样的"女人的天堂"里，同样的烦恼仍然存在。"餐桌礼仪"告诉女人不要在水晶杯口留下口红印，却从不

▲ 喝酒不留痕，是件难事……

解释应该怎样做。一位巴黎女子甚至在博客中征求良策，姐妹们锦囊中的招数无外是挑一支不留痕的口红，用散粉在唇上打底，不涂唇彩……再来补充几条吧。

· 用舌尖悄悄地把杯沿舔湿，再用嘴唇接触杯子喝酒，或用下唇内侧虚托着杯沿，接触面积与力度越小越好，留下的口红印会浅一些。

· 在大家不注意的时候用餐巾快速擦掉，不要用手指擦。

· 众目睽睽之下很难找到时机清洁，那么每次嘴唇接触杯沿的位置都在同一处，避免整个杯沿都沾满口红痕，放杯回桌上时将印记朝向自己。

· 避免使用唇彩或油分多的口红，除非晚宴开始前去洗手间擦掉。

· 最好根本不涂口红。嘴唇过干的话，用擦脸油滋润就可以了。嘴唇过于苍白无光的话，没人注意时候多咬一咬或舔一舔，令其显得润泽些就够了。其实晚宴上男士们最在意的并不是你的嘴唇有多红——难道真有人喜欢将kiss印在黏黏腻腻的口红上？

巫师的牙齿

如果是在专业的尝酒会上，留神看看周围人，肯定个个都像黑森林里出来的巫师。

品酒会不像平时喝酒，而要先啜一口酒，吸入空气，让酒液在口中打旋以便充分展现自己，之后再吐掉，这样一来，红酒中丰富的天然色素就给牙齿和嘴唇留下了顽固的灰紫甚至黑紫色印记。

即使不像在品酒会上那样让红酒与口腔做如此充分的亲密接触，但有些干红特别深浓，一两杯下肚，舌头和牙齿也会被染色。清水漱口不足以完全去除。虽然从牙齿健康角度来看，此时不宜立刻刷牙，但若更重视形象，还是要记得在口袋里装一把牙刷！

"小口"说"谢谢"

都知道红酒得"小口品"。怎样是"小口"？像喝热水那样，慢慢咽下。

把所有动作慢三拍，不怕不优雅。但不仅止于此——

· 晚宴不是品酒会，漱口一样品酒就不合适了；

· 不要将胳膊肘支在桌上喝酒；

· 喝酒时不要把脑袋使劲后仰；

· 咽下后，用餐巾轻拭嘴唇，擦掉残留酒滴，避免在唇上留下颜色。

　　对餐厅服务员彬彬有礼并不是我们很多人的强项。但对侍者多一些微笑、多一些"请""谢谢"，这样的饭局无疑会更加和谐、惬意。

能干杯吗？

　　即使是"红酒烛光、法式大餐"的正式场合，碰杯也未必不可。气氛热烈时，碰杯更是很自然的举动。而且，法国人对我们的"干杯"习惯已经有所了解，有所"准备"，特别是常常来中国举办晚宴的一些名庄高层，从一回生二回熟，到已经学会主动举杯，邀请诸位"亲亲"——也就是碰杯。

· 第一杯酒不是用来干的；

· 轻轻地碰；

· 如果是大圆桌，尽量和每一位都碰到；

· 如果是长桌子，至少要和左邻右舍以及对面左中右三位碰杯，更远处的人可以"遥祝"；

· 如果并不是包场，通常并不站起身碰杯，因为会干扰到邻桌，更不要走动、绕桌去碰杯；

· 在非常大的包场型晚宴上，酒酣耳热之际，起身绕桌碰杯也是人之常情！

❧ 多余的"余味"

法国人发明了一个词，专门来用于描述葡萄酒余味的长度：caudalie。余味能持续几秒钟，就叫作有几个caudalie。所以，"这酒的余味有10秒钟"不是专业说法，得说"这酒有10个caudalie"。

至于为什么非要发明这个词？不是多余吗？据说只要学会500个词就能说法语了，只要学会2000个词就能讲中文了。但据说北极的萨米人有超过100个关于"雪"的名字，据说非洲的班图语中有四个不同"等级"的指示代词。

若调查这个词的源头，似乎最早出现在INAO在1963年7月发布的一篇公报中（第86号，第19页）。当时写作"codalie"，来自拉丁文"cauda（尾巴）"—— "In cauda venenum"，意思为"（蝎子的）毒在尾巴里"。

❧ 红的八度

这是品酒专业课上的一张比色卡。

1：朱红/鲜红（Rouge vermillon）

2：胭脂红（Rouge carmin）

3：石榴红（Grenat）

4：深石榴红（Grenat profond）

5：紫（Violacé）

6：深紫（Violacé intense）

7：紫黑（Couleur profonde entre noir et violet）

8：砖红（Grenat tuilé）

这仅是试图统一用词的工具之一。在平时的品酒交流中，或专业评论文章中，对"红"的描述词语要丰富得多。

亲亲不是kiss

法国人举杯相碰时会说"TchinTchin！"当然，这音节与"kiss"毫无关系。很多法国人认为这个音节和礼节来自日本，其实"亲亲"之礼源于我国。

据说马可波罗游历中国时；发现在宴席上主人每次举杯的同时都要向宾客道"请，请！"大家相敬后再欢饮。旅行家将这个段子也带回了家乡，欧洲人乃逐渐仿效此礼。但法语中没有汉语的ng鼻音，"请请"便成了"亲亲"；法语中的字母q也和我们的拼音不同，qing便成了tchin。

当然，法国也有自己的标准法式"碰杯语"，即"祝您健康"，或简化为"健康！"但终没有被舶去舶来的"亲亲"欢快轻松。

❧ "木"之辨味

说此酒有"木味"大半是夸赞，说有"木塞味"永远是批评。中文里听起来只差一个字，其实可不一样了。

"木味"这个词，在英文中是oaky，直接把"橡木（oak）"一词加个y。但法国人只说是boisé（"bois"是"木头"），并不真的去跟"橡木（chêne）"拉关系。细想一下，可能还是法语有道理，因为葡萄酒的所谓"木味"根本不是真的"橡木味"。

拿来装酒的橡木桶都经过烘烤，而且产地以及烘烤程度的轻重不同，能带给酒的香味物质也很不相同。为了简化，就把橡木桶能给出诸如香草、烤面包、烤杏仁、榛子、椰子、焦糖布丁、黑巧克力、牛奶巧克力等所有香味都统称为"木味"——在中文里，有时还简称为"桶味"。如果真的在酒中闻到刨花味儿——并不是没有可能——那就直接这么说好了。

至于"木塞味"，英文是corked（"cork"是"软木""软木塞"），法文是bouchonné（"bouchon"是"塞子"）。反正不管罪魁祸首到底是不是软木塞，罪名是铁定地由它来担了。

❧ 单宁本姓"多"

小时候穿上第一双新皮鞋时，"单宁"就已经来到你的生活中了。用植物中提取的多酚物质来"鞣制"皮革，这个过程就叫作tanning。

在植物中存在一类物质，具有很多"酚基团"，"多酚"就是它们的化学统称，而"单宁"是音译——英语（tannin）和法语（tanin）里的这个词只差一个字母n，而且一般都用复数，词尾加s，以表明它本来姓"多"。

释酒

若不了解，亲近何用？

CHAPTER IV

｜ 技术盲点

品酒只是T型台上的华彩时刻，
99%的故事都在幕后。

当城里人下乡：葡萄园里迷思多

有些迷思，只要走进葡萄园，就变得明明白白。

红白配

葡萄酒必须用"百分之百葡萄"，想必红葡萄酒也要用"百分之百红葡萄"吧？未必。酿白葡萄酒使用红葡萄，或红葡萄酒里混些白葡萄，这样的"混血娇娃"也是有的。

和农贸市场上的葡萄一样，酿酒葡萄的颜色也分三类。有的红皮绿肉，叫红葡萄品种；有的皮肉皆绿，叫白葡萄品种。顾名思义，两者分别是酿红葡萄酒和白葡萄酒的主力。还有一类皮黑紫、果肉发红，反而不能叫红葡萄，得叫"染色葡萄"。肉身染了色，不仅酿白葡萄酒不够格，连优质红酒圈都进不了。

一瓶有地域标示的法国葡萄酒，哪些品种必须用、可以用，哪些要少用或不能用，早就定下了行业法规来约束。红白混调并非噱头，而是地域特

▲ 是耶？非耶？有些盲点和误区，要放下酒杯，走入酒庄、走入历史，才能辨明

▲ 某些地区允许在红葡萄园中混种少量白葡萄

色、是世代酿酒人的经验所出。

法国隆河北部的"功德留（AOC Condrieu）"只产干白酒，其唯一合法代言叫维欧尼（Viognier）。在几公里外的"黄金坡"，白葡萄能与红葡萄"西拉子"一起混酿著名的Côte-Rotie AOC干红，最高比例居然可以达到20%，可算是最成功打入"红酒圈"的白品种。

在整个隆河区，"小维维"都能在红色主旋律中用它特有的香气和口感来加几个音符"烘托气氛"，让整首曲调更加丰满。个别红葡萄也可以加入白葡萄酒军团，比如黑皮诺。要点在于：收成之后迅速压榨，分离红色果皮，葡萄汁就免于近朱者赤了。

教皇新堡产区的"红白交响曲"更是复杂。法定许可的可以调入红葡萄酒中的红白葡萄（有高低比例的限制）总共有18种之多！当然，在实践中，能在一款酒中

LA SYRAH
西拉子

LE MOURVEDRE
慕合怀特

LE CINSAULT
仙索

LA COUNOISE
古诺瓦姿

LE MUSCARDIN
莫斯卡丹

LE GRENACHE
歌海娜

Châteauneuf du Pape

（教皇新堡法定产区）

LE PICPOUL
匹格普勒

LE BOURBOULENC
布尔布兰

LA CLAIR ETTE
克莱蕾

LA ROUSSANE
胡珊娜

LE VACCARESE
瓦卡瑞斯

LE PICARDAN
皮卡丹

LE TERRET NOIR
黑特蕾

▲ 教皇新堡产区的"红白交响曲"——这些红白葡萄都被允许拿来混调入红葡萄酒中

用足超过10种葡萄的如今已经极为罕见，大多数酒庄只种植歌海娜（Grenache）、西拉子（Syrah）、慕合怀特（Mourvèdre）、仙索（Cinsault）等几个主要品种而已。

手工的手心手背

有些酒庄会特意标明"手工采收"。品质一定更佳吗？

"机器采收"对待葡萄的态度确实没那么温柔，一般都会弄碎一些葡萄、采进来不少青叶和败果，枝叶上的小动物们也有可能一并收进来（其实这倒没大要紧）。若筛选力度不足，好果坏果混着叶梗统一起送进酿造罐（这个后果才比较严重），酒质不降低才怪。在采收过程中，大量葡萄收纳到采摘机的巨型容器里，沉甸甸地互相挤压，也会多些破碎。

手工采摘的最大好处在哪里？

可以边采边筛拣、丢弃生果烂果；因为是人力来采，装运的果筐不能太大，所以葡萄串受挤压小、破碎更少……换句话说，原料成色更好，免疫力更强。在同样的酿造条件下，受细菌侵害而染病的概率也随之降低，"防病疫苗"的剂量可以大幅减少。酿出酒来，体质更强劲，香味也更饱满丰富。

手工采摘的缺点

但若将机器采收等同于原料质量差、酒档次低，这也实在太偏颇。筛拣严格，同样能得到优质原料；今天的最新型、最先进的采摘机已经非常接近手工的细致，而温柔手工的背后也掩藏着另一面。

▲ 酒标上的"Vendanges manuelles"为"手工采收"之意

人手的速度不到机器的十分之一，若赶上天气突变，没收完的葡萄淋在雨里，不仅成色降低，还有生霉风险。而采摘机白天夜晚风雨无阻，还能趁夜间凉爽时抓

紧收来恰到完美成熟的葡萄，避免次日高温灼烤破坏巅峰状态。

由于地势陡险，或者葡萄行株间距离小导致机器开不进去，或者当地葡萄品种对氧化作用特别敏感等原因，有一些"原产区"，"法定"必须手工采摘。但"七分种、三分酿"，采收是"种"的最后环节，后面还有三分功夫要看酿造人的手艺。有了质量上佳的布料，若手艺不高、剪裁失当，一样显不出名牌应有的板型。

葡萄为啥不能洗

提到红酒，难免会用吃鲜食葡萄的习惯来想象它。是把皮剥了再酿酒吗？是要清洗后再酿酒吗？

首先，不用洗。

担心葡萄皮上有灰尘？经过数个酿造环节，尘土泥沙早就除掉了。担心有农药残余？毒性稍强的药剂通常在春天喷洒，临近采摘时早已停止打药。酿酒师到园子里摘葡萄品尝，他们可不会采下来带回酒庄水龙头下冲洗半天再放进嘴里！另外，越来越多的酒庄开始发展保护环境的绿色农业，不再用传统杀虫剂。

▲ 对"机器采收"需要"辩证地对待"

▲ 洗的不是葡萄，是收葡萄的筐子

其次，不能洗。

下了雨之后收的葡萄质量就会降低，特意去洗岂不是没事找事？

再多谈一句工艺方面：葡萄汁发酵需要酵母菌。酵母菌种类繁多，不同菌种能产生非常不一样的香气。菌种有葡萄皮上天然存在的，也有人工选择添加的。有的酿酒师追求某特定风格，偏爱果皮上的天然菌，若被雨水冲走了，可要叹出师不利！

加糖与加硫："添加物"的平常心

加糖，是为了挽救极差收成，不到万不得已一般不会动用这种方法。不过，在葡萄变成酒的过程中，不论年份好坏，都需要一些少量或微量添加物，比如最常见的二氧化硫。它们不是后天勾兑的色素、酒精、香精或糖精，不是兴奋剂，而相当于我们每个人在童年时都要注射的各种疫苗，没有它们，葡萄汁变成葡萄酒的安全进程会大受威胁。

加糖不用藏

干红不是被"脱糖",但却可以"加糖"。乍一听很奇怪。

风土地理在葡萄果实中雕塑出几百种微量物质,综合形成一款酒的尺码、身段、体香、气质与内涵。糖分可说是尺码,先天因素决定了酒精的大中小号区间,再由酿酒师根据综合资质灵活地调节。有时候酿造干红确实需要加糖,但一定是在最初、未开始发酵的葡萄汁里加,而不是在已经酿好的酒中加。

若八九月份连绵阴雨,葡萄皮生涩难熟,汁水又被稀释,先天发育不足,就需要后天"丰胸"。先取一点葡萄汁,倒入称好的糖,搅拌溶解后再倒入大酿酒罐。这样,"填充糖"与天然糖混为一体,一起经历变为酒精的过程,提高一点度数。

如果葡萄汁含糖浓度达到170克/升,说明最后可以得到10度酒精。因为每1升葡萄汁中若有17克糖,就产生1个酒精度数。想升高1度,就要在每千升葡萄汁中加入17×1000=17000克糖,也就是不到20公斤。

打针丰胸不能植入无度,加糖也须以提高2度为限。魔鬼身材绝非全靠酒精度数撑着,整形美终归有破绽,质感口感上都会露马脚,就算能逃过经验不足的大众评委,但只需动用一点科学手段,某些代谢物的蛛丝马迹就会显形。

加硫,未雨绸缪

在现代酿酒大师的著作中,对二氧化硫的使用都有重要章节来阐述。采收时节,已经要用它来保护葡萄,避免那些已经破损的果实在路上就开始发酵——当然,果实越健康越完整,需要的剂量就越低。在酿酒的多个环节,空气并不受欢迎,需要二氧化硫来抗氧化。清洁酿造间、橡木桶等设备,"熏硫"也是防止有害微生物滋生的一种手段。

如果酒庄不加限制地使用,当达到一定浓度,就能闻出二氧化硫的气味。如果喝多了,或身体耐受性较低,或真的喝到了二氧化硫含量过高的红酒,可能会引起头疼。所以尽量不要贪杯,也不要喝过于便宜的红酒。便宜红酒的原料质量较差,酿造间的卫生条件也不免可疑，为了避免酿造途中生病，疫苗种植过度，难免不留后遗症。

"纯天然" 未必 "百分百"

你可能会惊异地在声称 "无硫葡萄酒" 的酒标上发现，"Sans Soufre Ajouté（无添加硫）" 的旁边还有一行字："Contient des sulfites（含硫化物）"。是自相矛盾吗？

并非如此。

· "含硫化物" 是就硫化物总量而言；
· "无添加硫" 是就 "疫苗接种量" 而言。

葡萄果实中有着硫元素的天然踪迹，因此硫化物是发酵过程中正常的代谢产物。即使从收成到装瓶整个过程中一针 "疫苗" 都不打，每升中也有1~2毫克的硫化物。所以，"总量" 和 "添加量" 不是一回事。

▲ 二氧化硫是酿酒工艺中常见的 "防病疫苗"。打多了固然有后遗症，但把它形容得如此恐怖，未免也太夸张了

▲ "手工采收" 会得到更优质的果实，但绝非 "硫化物零添加" 的保证

213

▲ "Sans Soufre""Sans sulfites"都是指"无硫葡萄酒",即含硫总量低于10毫克/升

▲ "Sans Sulfites Ajoutés",指二氧化硫的"添加量"少于30毫克/升

欧盟法律规定成品酒中二氧化硫总量的上限为160毫克/升。只有不超过10毫克/升，才可自称"无硫"，或免写"含硫"。但绝大部分法国干红游走在80~100毫克/升，所以常见"含硫"的标注。

民间的"天然型葡萄酒"组织规定：从酿造开始直至装瓶这段时间内，添加的二氧化硫若低于30毫克/升，便可注明"无添加"。

"Contient des sulfites"只问硫的总量，并不过问来源，二氧化硫"疫苗"注射少的又想表明自己是"天然"的，这就是两个标注可以同时出现的原因。

▲ 无硫又含硫，看起来好奇怪。只因"天然"的上限是30毫克/升，超过"无硫"的界标

人们谈论的"无硫干红"，十有八九是"天然型"的意思。能将硫添加量降到30毫克/升，说明葡萄原料相当健康，也说明酿造过程中花了很多的精力和心思。但绝对的"零添加"极为罕见。那需要绝对的胆大心细、天公成全，只有更为少数的生产者在收成非常完美的年份中才敢偶然使用。在大部分情况下，仍然要少量添加二氧化硫，否则难免要出事故。大自然的旨意，真的很难抗争。

除了个例，绝大多数低硫葡萄酒必须在12~14℃之间保存，否则很容易变质，所以在长途远洋运输的出口红酒中难觅芳踪。

"手"不能改变的命运

为了避免葡萄还未运抵酿造间就提前发酵，收成后往往要喷洒防氧化的二氧化硫。用了机器收割机，碎果烂果多些，喷洒剂量难免要增大。"逐粒手工采摘"可以得到最完整、最健康的果粒，但如果酿造间并不在近旁，而是要开车回20里山路外，"用药剂量"也手软不得。

生物化学的奥秘让硫这种物质成为防范有害细菌微生物、保护酿造进程的全能选手。从酿造直到装瓶出厂，再出名的明星酒庄也难以完全摆脱对硫的依赖，再精工细作的酿酒人，也只能在理性的范围内尽量减少添加硫化物。若中途某环节变生不测，也许只有硫才能救场，是"手工"出身也不能改变的命运。

加酒精，是为了"转型"

不必对加糖或加硫谈虎色变，但至于加酒精，正宗的法国干红是绝对不能染指的，除非不想"干"了，而走甜型路线。

在葡萄汁中的糖分变成酒精的半路上，外加进来高浓酒精并发出明确信号：打住，不要再变啦！剩下的糖便不再活动，转型成功，叫作"天然型甜葡萄酒"。或者直接在新鲜葡萄汁中加入干邑或白兰地，制成属于烈酒类型的甜酒。但在已经成型但度数低的干红中添加酒精，就不属于转型而是服用兴奋剂，是抵赖不掉的勾兑物，一定要驱逐出局。

▲ V.D.N.是"天然型甜葡萄酒"的缩写

搞懂橡木桶："青春期"里的思考

如果你参观过波尔多列级庄，会在酒窖中见过那种成排成行卧放的储酒橡木桶，体积不大，一米左右高，凑近闻，能闻到木头香味。酿酒师会告诉你，红酒要经过"barrel aging"数月之后才装瓶。

▲ 品尝"波尔多期酒",实际上都是从橡木桶中提取的样酒

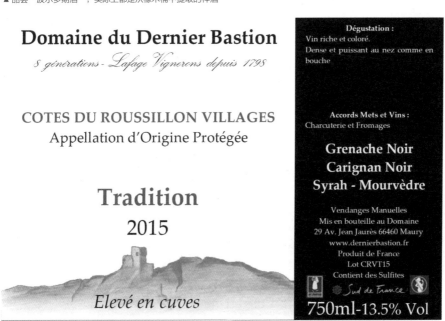

▲ "élevé en cuve",说明这款酒的"培养"过程不是在小橡木桶中完成的,而是在酿酒槽或大酒桶中

　　但当可参观的酒庄逐渐多起来,不再局限于一个地区,你将有更多机会看到另外的景象。依然酒香扑鼻,但小橡木桶不见了,代之以立放的巨型木桶,高可达层楼;或者根本不见"木头",只是硕大的不锈钢罐或沿着整面墙壁建起的水泥酒槽,发酵结束的新酒也在其中aging。

木桶里的"青春期"

葡萄汁刚发酵完、变成了酒，像进入青春期的少年，口味直白有棱角，性格也不稳定，有"青春期综合征"的各种毛病，此时只能算作未完成的新酒。酒不论高中低档，都要经过一段"青春期特殊教育"才算合格——法语中，将这段时期称作élevage（"培养"，另暗含"提升"之意），其实比英语的"aging（陈酿）"更贴切。

青春期教育绝非关进学校就一身轻松了，培养新酒绝对不是让酒待在桶里或罐里"养着"便全不理睬、只待装瓶了。这个阶段有非常多的工作要做。不能完全隔绝空气，酒才能变圆熟；又不能过多接触空气，否则会氧化生出怪味儿。

公立学校和民办学校都能出人才，教育培养新酒也绝非一定要用散发着浓郁木香的橡木桶。小新木桶有人娇宠，水泥槽、不锈钢酒罐、巨型木桶同样有人偏爱，不论用什么，都需要很高的技术才让躁动的新酒安然度过青春期，让鲁莽少年多些老成，口味变佳、性情稳定，之后方可装瓶、走上社会。

◀在有些地区，用巨型木桶培养新酒是多年以来的传统

浓妆得有资本

用高比例新桶培养新酒只是近二三十年来才风头劲猛，而名庄在二三百年前就已经有了名，那时木桶还只是储存和运输的容器而已，而且除了橡木，还使用栗树木、槐树木等现在看起来匪夷所思的木材。假设能回到19世纪，品尝当年的"拉菲"，相信酒中其实没什么橡木味，让言必称"木桶干红"的人忽然找不到感觉。

近几十年来，橡木的增香提味功能被广泛认识与发掘，但橡木毕竟不是photoshop，去斑磨皮美白调色样样在行。名牌木桶有如名牌化妆品，香气丰富质地细腻。但漂不漂亮，要看上妆技巧，要看那张脸适合不适合。

为何波尔多这地方的名庄多用小型新桶？因为出色的地理条件加上皮厚色深的葡萄品种辅以精彩的酿造工艺，酿出的红酒香浓味重，因此禁得起小型新桶的重磅浓妆。如果不经橡木桶，酒仍然是好酒，但瓶中陈放数年后，香气口感将少些深度与内涵。

▲ 用高比例新桶培养新酒只是近二三十年来才风头劲猛

但就算生就天姿国色，若不会欣赏，反而可能被浓妆艳抹吓住。在葡萄成熟绝佳的"顶级大年"里，如果又是适合浓妆的出身，有着陈放数十年不会见老的底子，自然要加大新桶的使用比例、延长培养时间。个别酒庄仰仗自己的酒香气重以及财力雄厚，索性使用"百分之二百新桶"：新酒装入全新木桶中培养一年，再全换成新桶继续培养。这样出来的酒浓墨重彩，充满那种叫作"单宁"的鞣酸物质。千万要耐心等上数年再开瓶喝，否则大量单宁与唾液中的蛋白迅速结合，会令口腔产生极强烈的收敛感，让没有经验的舌头一下被涩住而大呼上当，其实只怪你没有等到涩味转为甘醇的那一天。

高档干红都要"木桶陈酿"？

波尔多列级庄使用橡木桶的比例相当高，拉菲、拉图、木桐等"五大"更不用说，几乎全部都是"全新法国橡木桶培养18～20个月"。

这种橡木桶高约1米，直径约70厘米，200多升的容量。橡木中含有的大量香味物质、具有涩味的单宁——也叫鞣酸，茶叶里、柿子皮里都有，但分子结构不同，效果表现也各异——溶解到酒中，对香气、口感、陈年能力产生重要影响。在培养过程中，新桶会吸收一些酒，酒对桶也施加着物理化学上的改变，可谓是你中有我、我中有你，这种亲密关系确实非常特殊。有的酒庄想让这一亲密关系更进一步或者稍微疏离一点，会选用更小或更大的木桶，让单位体积的酒所吸收的香味物质加倍或降低。选择什么容量、什么烘烤火候的橡木桶，让桶与酒的亲密关系维持多长时间，种种决定都直接影响到这支酒日后的形象与发展轨迹，综合体现着酿酒师与酒庄的能力、眼光，甚至是野心。

橡木桶很贵，如果来自法国几个有名产地就更是动辄数百欧元。如果这家酒庄每年都用新桶，首先能证明的是它有财力购买、有实力使用、有能力保管。假设酒庄按照上年丰收的标准预购了大批桶，结果今年减产，只能装满一半，剩下的空桶就要有合适地方存放，环境不能太干或太湿，必须干净凉爽，否则桶壁变干出了缝隙，补救方法虽有，但对桶的质量有损。喜欢每年用一部分新桶、一部分旧桶的酒庄则麻烦更多，要劳心劳力处理上一年装过酒的桶。空桶不像空瓶，刷洗过了盖上塑料布随便丢在一边也不会坏，在清洁保养上一马虎，桶生了异味就很麻烦。

旧桶最舒服

在培养初期，小型新桶的木质中各种成分向酒中溶解的速度相当高。像深色衣服，洗完一水再漂，水的颜色就浅了许多；一只桶若已装了两三年的酒，再想贡献木味儿就显得体力不支，超过5年便只剩下木质容器的身份。但旧桶自有旧桶的好处。像"小拉菲"，用80%左右的新桶做培养，其余都装进老大用过的旧桶，木味儿就淡些，但更适合它小一号的身段。

不用新木桶的酒庄就一定没钱吗？那可不一定。有些酒庄不但殷实而且更有名势，酒价在国际上也算高端，却只凭二手旧桶或者几千上万升装的巨型橡木桶，甚至根本不用木桶而只取水泥或不锈钢罐，出来的酒便能美不胜收。

虽然材质不同、容量各异，模样有的古旧有的现代，但这些容器都能让新酒从"紧绷"变柔和、从单纯变成熟，只不过各有具体而细微的不同效力功用。比起小型新桶的奉献热情，水泥罐或者不锈钢酒罐没那么"感性"，不会把自己体内的一部分奉献给酒，但冷静也同样是一种品质。何种情况下需要哪种特性品质，何种情况下又应该将二者结合，这才是体现水平的问题。

有的红酒格韵很高，因为葡萄品种之故，不求浓艳，而以优雅取胜，绝不能用小型新桶，否则像清炒芦笋鸡却倒上半瓶特级老抽，全完！上万升的大木桶才能恰到好处地淡施粉彩，捧出绝代佳人。巨型木桶使用数年才以旧换新，即使是刚启用的新桶，因为容量巨大，单位体积内的酒也吸收不了多少木味。虽然外表古旧，但对一名不追逐流行的酿酒师来说，往往是最钟爱的器具。

若本来就果香涣散、质地单薄，倒还不如朴朴素素，讨个清新自然，在不锈钢大罐里养上一两个月就装瓶上市，果味透亮。如果非要扎进新橡木桶不等上一两年不出来，木头味儿压过果香，本来可爱的脸蛋倒显得庸脂俗粉。

新酒培养的环境、手段、期限等，自有葡萄种类、地理环境、等级要求、年份特性等定下先决条件。且不说选用小桶还是大罐，就连培养时间也不能整齐划一。酿酒师也是要在酒里面找到自己的感觉的。酒庄若换了酿酒师，可能改弦更张，也可能遵循旧制。再加上技术的进步革新、时尚的推波助澜、市场的阴晴多变，"橡木桶陈酿"既非名庄的专利，更不应该是一贴便红的标签。

橡木片儿的流行调

美式口味曾一度风行全球，让"木味"一夜之间开始流行，全法国全世界的酿酒人都争相尝试浓艳的舞台妆。虽然今天已渐式微，但这场风潮持续之久，让很多人仍以为木味等于上档次。

一只名牌新木桶少说也得600~700欧元，可容225升左右，合300瓶普通装，分摊到每瓶酒上是2欧元，比一瓶入门级红酒的出厂价还要贵。橡木片加香是个选择。就算在你心目中的红酒圣地，用此法的一样大有人在。

拿流行做卖点，也能捎带买贵点，但又不会贵得出奇，市场上很讨好。如果酿酒师手法妙，挑选的橡木片质量高，烘烤火候合适，"橡木味干红"未必是低质的代名词，也未必有多少人能从香气上分辨出并非木桶出身。但橡木片提供了单宁，提供了木味，激起短暂的感官体验，却搭不起橡木桶的骨架。

一年半载甚至更久，酒在木桶中陈放，让微量氧气的培养教育，点点滴滴逐渐渗透，造就沉着应变的底蕴，更加从容面对时光的拷问。底蕴深厚之酒，木桶衬出华丽高贵，更在岁月中让美酒渐做华丽的转身，将流行变作骨子里的经典。时尚元素若只是模仿来的，将只是流行在表面，年轻时光鲜动人，但莫奢望有太多成长变化的喜悦。更何况，木桶有贵有贱，木片同样有好有次……

▲ 为酒"熏香"只是橡木桶板最表面的功用

常见易混词

体会历史的脚步与节奏，
穿越语言与文化差异的屏障，
将行话讲地道，
把切口练流利。

Cru：土地深处的纽带

AOC法定产区制度于1935年正式诞生，"波尔多梅克列级庄"这张排行榜于1855年出炉，但法国葡萄酒的历史可延伸到更遥远的时间深处。

在没有AOC也没有列级庄的漫长年代里，有一个词在这个农业大国的语汇中渐渐浮出"地面"，这就是Cru。它本来是一个很中性的字眼，指一片土地，或指出自一片特定土地的葡萄酒，无所谓好，也无所谓坏。但人事历史偏偏让它成为葡萄酒世界中一个曝光率极高的字眼。

▲ Cru本来是个中性字眼，指一片土地或出自一片特定土地的葡萄酒，无所谓好，也无所谓坏。但后来成为葡萄酒世界中一个关键词。从在这张老酒标可以推知，Crû（cru在历史上曾有过几种不同写法）de Côdres一定是Listrac-Médoc区内一块风土条件突出的葡萄园

Cru与"中级"

要挑"性价比",又喜欢喝名气,既然列级庄很贵,"中级庄"就很合适,两方面要求都能满足。买波尔多列级庄要在酒标上找Grand Cru Classé,买中级庄要找Cru Bourgeois,这已经快成"红酒常识"。可一琢磨还是有疑问:"中级"到底是不是质量差一点的"中间的列级庄"?法国人说"开瓶'中级庄'",究竟是不是和我们一样感觉"还算有面子"?

在中文里,"中级"和"列级"真是很接近。而在法语原文里,共性却在于"Cru"。

走进新时代

当法国还处于波旁王朝的封建制度下,波尔多——主要是里面的梅多克地区——的葡萄酒世界已经有了政治色彩。在这里,葡萄酒的来源也按照主人的社会阶层分得清清楚楚:Cru Noble、Cru Bourgeois、Cru Artisan、Cru Paysan —— 贵族、中产阶级、工匠和农民。

大革命到来,贵族们被砍了头,带有贬义的"工匠"和"农民"酒庄也被废弃。1789年之后,只有"中产阶级酒庄"留在了新时代里。

因为历史原因而带有蔑视色彩的Cru Paysan被废弃多年了,再没有人想要复兴;优雅又有身份的Bourgeois却教人们争得头破血流。

宏大的"箭靶子"

20世纪30年代,波尔多5家大酒商秉承1855年的遗风,推出了一张"宏大"榜单,一口气推选出444家酒庄,光复起Cru Bourgeois这一名号,即最普通的Cru Bourgeois、Cru Bourgeois Supérieur(加了个"超"字)和Cru Bourgeois Supérieur Exceptionnel(加了"超"与"特")由低到高三级。不过这一次,并非"中央"派下来的任务。法国农业部也迟迟没有作出官方认定。

这也许与GCC(列级庄简称)的售价一路上扬有关,相对便宜些而且数量更为庞大的Bourgeois越来越受到青睐。60年后，官方终于感到有出面的必要。2000年，农业部拿出了一个评选草案，依然保留三级制度，只是把最高等的那个头衔变简洁了些，删去了"超"，只保留"特"，改为：Cru Bourgeois Exceptionnel。

Médoc和Haut-Médoc的近500家酒庄递上了资格申请书。3年后，名单才出台，筛下了一半候选人，比起70年前的那张单子少了近200个，座次也大变。由于评选标准是候选酒庄1994—1999年产酒质量，此期间办过转手过户的新老庄主有的喊冤有的偷乐。还有些酒属同一家所产的正副牌，双双被选上，该酒庄也就上榜两次。有意思的还有，因为这是一次需要候选人自荐的评选，若热门选手放弃参选，评委也不会主动来提携。偏偏有这么几家，真的采取"不掺和"政策，反倒引得旁观者付出了不少笔墨口水。

这样一张活生生的箭靶子，次年就被联名推上了地方法庭，不过初审和复审都判决榜单有效。2007年却峰回路转，波尔多法庭认为陪审团成员中有人与判决结果有着直接的利益冲突，将2003年的评选结果全盘废除，而且此为最终裁定！

从此，再有哪家酒庄自己把新出的年份贴上Cru Bourgeois这个名号就是非法，一时人心惶惶。为了挽狂澜于既倒，这个词被"Cru Bourgeois酒庄联合会"战略性转型。"超级"和"特级"太惹眼，统统撤掉，绝口不再提。总之，将"级别"概念一笔抹去，而照着质量标签的样子打造。比如，不再考量历史声誉，不再关心售价，只要家里葡萄园超过7万平方米，梅多克的任何酒庄都可参评。一个独立评选组每年会亲临酒庄考察酿造设备，并根据新年份的品尝结果来决定是否颁发"年度Bourgeois质量标签"。

▲ "中级庄（Cru Bourgeois）"的故事只发生在梅多克的8个法定产区里——Listrac-Médoc、Saint-Estèphe、Moulis、Pauillac、Margaux、Médoc、Haut-Médoc与Saint-Julien

"中级庄"有点过时？

上面讲历史，有意不翻译"Bourgeois"这个词。这个词，曾被先人们音译为"布尔乔亚"，后又意译为"中产阶级"且被定为标准译法。所以，Cru Bourgeois 也应该五脏俱全地被称为"中产阶级酒庄"才对。不过汉语就是这么有意思，特别是口语，能简则简，把中产阶级顺嘴就叫成了"中级"。而且又这么巧，正好上边有个"列级庄"，"中级庄"的叫法更显得名正言顺。但是，因为2007年以后的"Cru Bourgeois"完全变了意思，成了针对新年份酒的质量授勋，一年一评，中文的"中级庄"一词其实已然过时。

当然，当话题不再局限于具体某个年份酒而更着眼于酒庄综合能力的大局，依然可以拿2003年甚至更老的那张"中级"单子做参考。也只有在那六七十年间，"Cru Bourgeois"似乎才真的是个"中"的级别。

▲ 2007年以后的"Cru Bourgeois"成了针对新年份酒的质量授勋。这是给冠军酒款的"流动奖杯"

Cru与"手工艺人"

Cru Artisan也被废止多年。但"手工业者、工匠"如今在法国并不像Paysan这个词总是带些受人瞧不起的"泥腿子"形象，所以重整旗鼓还是颇得人心的举措。

1989年起，"手工艺人庄"的工会组织开始光复之路。几年后，欧盟便批准了恢复该级别的提议。2002年，法国农业部发文，针对梅多克内部的8个产区推出了评选标准。

2006年，44家酒庄被正式授衔。总面积不过300万平方千米，确实和"手工业"的小规模很相称。但不久之后就遇到了"中级门"事件，这个新恢复的头衔也不免有人心惟危之感。2010年，布尔乔亚们的新策略取得积极效果，"匠人工会"也开始准备在原基础上第一次增补，但计划又被推迟，到了2012年才正式推出了新版本的名单。全世界目光焦点中的红酒王国，大事小情的宛转曲折真的堪比一个国家那么多。

INSCRIVEZ-VOUS

Crus Artisans du Médoc

PRIMEURS 2015
& millésimes livrables

INVITATION

5, 6 et 7 avril 2016
Dégustation continue 10h à 18h
Au
Château des Graviers
52 rue du Gravier 33460 - Arsac

April 5th, 6th and 7th 2016
All day long professional tasting

Crus Artisans du Médoc

AOC MEDOC :Château BEJAC ROMELYS/Château CANTEGRIC/ Château GADET TERREFORT/
Château GARANCE HAUT GRENAT/Château HAUT-GRAVAT/Château LA TESSONNIÈRE/
AOC HAUT-MEDOC : Château D'OSMOND/Château DE COUDOT/Château DE LAUGA/Château DU HA/Château MICALET/
Château MOUTTE BLANC / Château TOUR BEL AIR/Château VIEUX GABAREY/
AOC MOULIS-EN-MEDOC : Château LAGORCE BERNADAS/
AOC MARGAUX : CLOS DE BIGOS/Château MOUTTE BLANC/Château DES GRAVIERS/
AOC SAINT-ESTEPHE : Château LA PEYRE
AOC SAINT-JULIEN : Château DE LAUGA

▲ "手工艺人庄"举办"新酒品尝会"

GRAND VIN DE BORDEAUX

CHÂTEAU

PASSION

Tour

BEL
AIR

2009

CRU ARTISAN
MIS EN BOUTEILLE À LA PROPRIÉTÉ
N° 0001/1500
13,5% VOL. HAUT-MÉDOC 75 CL
APPELLATION D'ORIGINE
CONTRÔLÉE

http://chateau-tour-bel-air.blogspot.com/

SCEA BDM, PROPRIÉTAIRE À 33250 CISSAC MÉDOC
PRODUIT DE FRANCE
CONTIENT DES SULFITES

◀ "0001/1500",说明这款酒总共只有1500
瓶——"手工艺人庄"的当然产量大不到哪里去

围绕"中级庄""手工艺人庄"的这些风波曲折，只发生在波尔多的梅多克地区。切不可到外区，更不要到外地去寻……

Cru与AOC

法国有5个红酒法定产区的名字中含有"Villages"字眼，但并不属于真正的"村庄"级别，而依然是"地区级别"（或称为"子产区级别"）。在它们内部细分出来的、带有具体村庄名称的才是真正的"村庄级别AOC"。

所属大区	地区级	更高一级的地区级
卢瓦尔河	Appellation **Anjou** Contrôlée 安茹法定产区	Appellation **Anjou Villages** Contrôlée 安茹村庄法定产区
薄若莱	Appellation **Beaujolais** Contrôlée 薄若来法定产区	Appellation **Beaujolais Villages** Contrôlée 薄若来村庄法定产区
勃艮第	Appellation **Mâcon** Contrôlée 马贡法定产区	Appellation **Mâcon Villages** Contrôlée 马贡村庄法定产区
隆河	Appellation **Côtes du Rhône** Contrôlée 隆河丘法定产区	Appellation **Côtes du Rhône Villages** Contrôlée 隆河丘村庄法定产区
朗格多克—鲁西荣	Appellation **Côtes du Roussillon** Contrôlée 鲁西荣法定产区	Appellation **Côtes du Roussillon Villages** Contrôlée 鲁西荣丘村庄法定产区

在这些"地区级别"中，有部分"Cru（园区）"被公认为风土条件更佳，只是由于各种不同的但又足够强大的负面原因，没能独立出来获得AOC身份。为示公平或为弥补，允许将园区名称——自然都是历史上流传甚久的——标在"地区级AOC"名称的旁边。

有一些这样的Cru不满足于"填房"的名份，一直据理力争，少数几个终于心愿

▶ 这个"Villages"不是真正的"村庄级"

▲ 在很长一段时间内，勃艮第为了保证"血统纯粹"，将地理上紧邻的薄若莱酒区排除在外，但后来将薄若莱的10个Cru级别的法定产区收入，Saint-Amour是其中之一，所以酒标上可写"Vin de Bourgogne"

得偿，而屡战屡败、屡败屡战的当然更多。AOC的大家族发展至今已经300来口，将来偶尔还会添丁。

　　薄若莱酒区中，有四种类型的法定产区，其中Beaujolais Nouveau和Beaujolais是"大区"级别，Beaujolais-Villages是"子产区"级别。还有10个村级法定产区，可以把它们看作"薄若莱的Cru级别"，如今也被收入勃艮第酒区。如果你知道勃艮第历史上曾为了"血统纯粹"问题与薄若莱酒区来来回回打过多少次仗，就能理解这是件多么值得惊叹的结果，就更能体会到Cru是个多么奇妙的字眼。

Grand Cru：它的身份特别多

Grand Cru是指档次？是指"名庄"？是法定产区的一个级别？有点傻傻看不清。在法国干红的术语中，Grand Cru出现的主要场合有下面这三个：

- 勃艮第的一类法定产区
- 波尔多的一个法定产区
- 波尔多的一众列级酒庄

场合决定了身份，身份又决定了地位和话语权。在波尔多和勃艮第，这个词的意思截然不同。

勃艮第的特级老干部

在勃艮第，Grand Cru的身份很简单。它不是指一家家酒庄，而是法定产区的一个级别。它不是村庄级，也不能用"顶级"这样语意模糊的字眼来翻译，而是——"特级"。

在勃艮第，Grand Cru这个身份又是如此特殊，像一枚代表着历史和荣誉的勋章，只有此地最优秀的那些法定产区才可以佩戴。最德高望重的这群Grand Cru像特殊身份的老干部，不怕被人叫不清名字，只要在酒标上一亮勋章，人们都会惊呼："哇，特级！"

真的，其实没多少人叫得清所有这些"特级老干部"的名字。所谓Grand Cru产区，并不是在所有村级产区中遴选出最精华的冠以"特级村庄"之名，而是只对整个勃艮第地区内最好的"地块"授勋。

酿好酒要以种出好葡萄为中心，几百年前勃艮第的酒农们已经发现有很多地块里长出的葡萄出奇的好，而且酿出酒来群芳争艳，各自妖娆。要知道勃艮第几乎所有的干红都出自同一个品种，千种美态首先是脚下的土地赋予的，之后才能谈到酿酒人的才能和见识，这也是为什么勃艮第是全法国最为推崇土地精神和尊重传统的地方。

到了20世纪30年代，AOC制度的新时代来临，仅划到村一级产区远不能淋漓尽致地体现这些地块的鲜明个性，必须独立成册，给这些著名的园区一个特殊的名分。今天，25个边境界定精准的地块构成了勃艮第干红AOC等级中特殊的群体（若算上专产白葡萄酒的特级园，共有33个），享有着"特级法定产区"之名权，代表着最受自然恩宠的精英地带。

一致对外时，"老干部"队伍齐刷刷，荣誉感极强。但在它们内部，不比资历、不出争端才怪。

绝大多数勋章都是早在20世纪30年代第一拨就颁发了的，资历浅的只有两个，Clos des Lambrays和La Grande Rue，分别在1981年和1992年才正式加入"特级"队伍。

这些年来争议最大的，还是要数面积最大、达到50万平方米的Clos de Vougeot。按照勃艮第酒农的"精细哲学"，这50万平方米内部的风土还能继续分出个三六九等，甚至不少边边角角都应该开除出Grand Cru的队伍。不过，议归议，任

▼ Clos des Lambrays的"特级"身份姗姗来迟　　　　　　　　　　　　　　　　摄影：郭泓

何实际的改动、增删恐怕都不现实，还是留给酒客们拿着酒瓶子去细细研究比对争论吧。

小而精的极致

AOC的划分受历史与传统的局限，各区的情况差异极大。在勃艮第酒区内部，其实也不是都如棋盘般零碎，那些地区级的AOC的划分也比较粗枝大叶，但Grand Cru的细分却的确几乎到了登峰造极的程度。大部分特级园区不超过10万平方米，最小的仅8000平方米。

虽然面积都是那么小，但罕见一家酒庄独占某个特级园，五六十家割据才是平常——几百年前也许本是一家，但迫于法国大革命后新法典要求的继承权上公平以待，多子是福的葡萄园主们只得将园地划成小块分与子孙。如今，这些老干部身价超过黄金，任何买卖——哪怕只有一行葡萄树那么大的面积，都可能是天价。

为何"罗曼尼康帝"帝位独尊？就是因为"罗曼尼康帝酒庄"不仅独占一块风水最好的同名特级Cru，而且还在其他数个特级园和一级园里有份额，康帝"全家"岂有不被狂捧之理？

A. Rousseau	1.06 ha
G. Mugneret	0.64
F. Esmonin	0.52
C. Roumier	0.51
Henri Magnien	0.16
François Trapet	0.20
Ch. de Marsannay	0.10
Marchand-Grillot	0.08
[27 parcels]	

▲ Ruchottes特级园总共分成27小块，这是前八大"地主"的名字。A.Rousseau拥有10600平方米，已经实在了不起了（图中数字的单位为公顷）

名字也好复杂

和所有法定产区一样，特级园不受行政区划之约束，它们连村级法定产区之界限都可以无视。比如有3个特级园居然各自横跨了两个村级AOC——张家村和赵家村是邻居，但地性差异大，分属不同的法定产区，而有片Grand Cru园子正在两村交界地，收了葡萄酿出酒，酒标上该写哪个村名？哪个村名都不用写，这片园子自己有名字，比方说叫Le Montrachet，就写Le Montrachet Grand Cru，完全不用理会周围

▲ 左图的牌子上写着："Chambertin从这里开始"。在勃艮第的众多"特级园"级别的法定产区中，有9个都带有 Chambertin这个字眼，Latricières-Chambertin是其中的一个。

那些叫张家村AOC或赵家村AOC的葡萄园的重重包围。

好像很好理解？麻烦在于张家村和李家村都想分享老干部的荣誉。把老干部的名字加进自己的名字是最方便的。生人来了，乍一眼真难明白这个名字到底是村级产区还是特级园。举个例子：

Puligny-Montrachet与Montrachet，谁是村级，谁又是特级荣誉老干部？

Puligny-Montrachet是借特级园Montrachet的名字为自己添份荣光的村级产区！但看到相似的产区名，切不可根据拼法的长短来猜测谁比谁等级高，不然十有八九会碰灰。比如：Chambertin、Mazis-Chambertin和Mazoyères-Chambertin谁头衔高呢？其实是一水的特级老干部！

波尔多的三重身份

一个地方一个规矩。到了波尔多，就不能再拿勃艮第的标准来解释Grand Cru。在波尔多的当地话里，它分指两个概念：法定产区或列级酒庄。而且它不能单独行使权利，必须加上前缀或后缀，形成三重身份。

· 要在前面加上Saint-Emilion，特指"圣爱米浓法定产区"；

· 在后面缀上Classé，为"列级酒庄"之意；

· 前面加Saint-Emilion，后边再缀上Classé，特指"圣爱米浓法定产区中的列级庄"。

"Saint-Emilion"前缀

在波尔多的30个干红法定产区中，有一个非常显眼，因为只有它包含"Grand Cru"字眼，即Appellation Saint-Emilion Grand Cru Contrôlée。

这也就是说，"Saint-Emilion Grand Cru"是产区名称，即"'圣爱米浓名庄级'法定产区"——注意：与"列级"酒庄毫无关系。

梅多克（Médoc）、圣爱米浓（Saint-Emilion）都是波尔多内部的地名，也是两个法定产区名称。很多带巴黎团的中国导游都会告诉团员：梅多克和圣爱米浓是最好的波尔多干红。出于与葡萄酒有关或无关的原因，总之Médoc和Saint-Emilion实在是名声在外，让人很容易把它们与"好酒"画上等号。

梅多克确实有好酒，所谓波尔多"五大"中有4家就生于斯长于斯，但并非风光如画。若无古老城堡林立，名庄招牌惹眼，葡萄园本身的观赏性确实有限。圣爱米浓也出一等一的好酒，但知名度如此之高，旅游业功不可没。很多日本人对梅多克地区内列级名庄云集的Saint-Julien、Saint-Estèphe产区无动于衷，听到"三滴米龙"便频频点头，如果你在圣爱米浓村的高低甬路间见过终年累月人数不减的各国游客，便可理解原因。

圣爱米浓乃600年老村，早就通过了"申遗"，旅游业带来的光彩远远盖过邻村宝物隆（Pomerol）。尽管Pomerol产区的红酒均价高高在上，尽管这里出了整个波尔多乃至法国干红世界里最神秘的红酒——在《神之水滴》里带神关咲踏上"豪华客轮""集齐了永不让人生厌的奢华"的Pétrus，但此区连"Château"都难见一个，景色毫不招眼，除了酒客追捧，形象低调得很。

一条河流将波尔多左右切开。与西北部的梅多克隔河相望，河右岸的东北方有一群专以干红闻名的法定产区，各自以一组村镇为中心，同属"村庄级AOC"，在

▲ 圣爱米侬村是波尔多著名的酒村，也是上榜联合国"世界文化遗产"的著名旅游景点

法国葡萄酒原产地制度的阶级划分上平起平坐。Saint-Emilion AOC和Pomerol AOC是其中最有身份的两个，行事风格却截然不同。Pomerol的酒庄们反感高调，拒绝分级与排行榜，而"Saint-Emilionnais"（意为"圣爱米浓人"，就像Bordeaulais "波尔多人"一样）却显然是另一种风格。

前加"Saint-Emilion"、后缀"Classé"

1936年，法国负责原产地命名认证的最高机构INAO确认了Saint-Emilion AOC的法定产区资格。但20年后，在同一片版图上，通过了Saint-Emilion Grand Cru AOC作为更高一级法定产区的正式文件。二者之间的差距正如"优级波尔多"与"普通级波尔多"，并不在地块划分上做文章，而是着眼于种植密度、酒精度等栽种和酿造指标上的些许差别。

可以说，"圣爱米浓名庄级"的"文化程度"更高些，叫价的口气也硬一些，但这个"Grand Cru"并无"特级"含义，与勃艮第Grand Cru的地位完全不同。

不过，由于波尔多的Grand Cru Classé（列级庄）众多，在比较宽泛的语境下，Grand Cru一词通常都带有"列级庄""名庄"的意味。其他产酒区并无同样特殊的历史背景，Grand Cru有时被用来泛称"好酒"。在与葡萄无关的场合中，这个词也可借来做引申意义上的褒誉。

香槟丘上"特级红"

除了勃艮第和波尔多这两大酒区，香槟区唯一可以出产静态干红的法定产区 Côteaux Champenois也有"Grand Cru"。

在香槟酒区，共有17片葡萄种植区被划为最高等的"特级园"。如果用这些地块上的收成来酿造静态酒，不进行二次发酵，就可以使用"Grand Cru"的标识。

◀ Bouzy是香槟区一片有名的特级园，很多的香槟丘特级园干红来自此处

◀ 香槟名家Egly Ouriet有一款罕见的香槟丘Ambonnay特级园干红

不过，与勃艮第和波尔多不同，"Grand Cru"在香槟区只能作为"附加标识"，并不存在"Appellation Coteaux Champenois Grand Cru Contrôlée"这个法定产区。

大部分"香槟丘"的静态酒都是混调了两个年份以上的非年份型，而且产量极少，不适合过久陈放，通常10年之内应当饮用。

Grand Cru Classé：三张榜单细细读

Classé表明"被分了级别""上了榜"。在Grand Cru后面加上Classé，身份就又变了，而且一变就是三个。

法国葡萄酿造与种植大区有"一打"那么多，属波尔多最有名。把它的三张"列级庄"排行榜、列级庄与列级庄之间的关系弄清理顺，已经让人话题不断了！

梅多克列级庄、格拉夫列级庄和圣艾米浓列级庄，三张排行榜，两新一老。如同地区级选美比赛，选拔地点不同，评委会不同，选手不同，优胜者数量不同，等级不同，地区间也没有总决赛。但它们的相同处在于：都是针对酒庄做出的官方榜单，都授予上榜酒庄Grand Cru Classé——"列级庄"的头衔。

之所以是"针对酒庄"，是因为尽管考量的主要标准还是产酒水平，但酒庄历史、名气，以及酒的售价也都纳入了评价内容。而且，上榜的酒庄可以一直挂着荣誉证书，直到官方决定修改或推翻重来为止。

之所以要强调Grand Cru Classé是"针对酒庄"，是因为在波尔多，Cru的概念是与酒庄紧密相连的。假设"拉图堡"从邻居处买来一片葡萄园，如果酿酒师愿意，而且新园子的一切也达到标准，就可以取些收成来调配，瓶子上继续贴Château Latour的标，继续叫Premier Grand Cru Classé；如果卖给别人一块地，就算这块地本是所有拉图的葡萄园里最精华的一片，到了新主人家里也得改名，不能再姓"拉"，更不能继续沿用一级庄的名誉，除非这家自己也是Pauillac的"三大"之一。

梅多克列级庄

与选美比赛不一样，针对酒庄本身制定排行榜是非常艰巨的工程，不可能年年举办。五好家庭偶尔出个不成材的孩子也就罢了，但一旦全家被摘了牌可是丢人的大事，非得抗议示威不可，所以评委和选手的压力都相当大。有一张新榜单诞生不过数十年却已修订几次，而那历史最悠久的老榜单索性维持百年不变。人们津津乐道的"五大"就是这张老排行榜上的并列状元。

这张老排行榜太有名，有名到它选出的"五大酒庄"已成为一个传说，网上无数冠名为"法国五大红酒"甚至"世界五大"的文章，点开一看说的其实都是"梅多克"的五大。梅多克，1855年，波尔多，巴黎，拿破仑三世，万国博览会，第一张官方排行榜，这些关键词闪烁着历史的神秘光环，构成这张榜单的传奇底色。

▲ 1855年出炉的梅多克排行榜是法国最具传奇色彩的榜单。本意是选"酒"，却被"庄"成功"上位"。不过，即使是"列级庄"，也只能在各自的"正牌酒"上标注"GRAND CRU CLASSÉ EN MÉDOC DE 1855"

但新时代的诞生没能解决国家所有的问题。法国产酒地区太广、葡萄种类太丰富，酿酒者数不过来。谁家比谁家好？谁家比谁家更好？最后只记得一个字：乱！个别有钱也有心的发烧友自娱自乐攒个排行榜，但都止于民间行为。

1855年巴黎要办万国博览会，拿破仑三世要找人选出最好的法国葡萄酒介绍给五湖四海来赶大集的外国人。此时，在波尔多的梅多克地区里，葡萄酒商们的国内外生意正风生水起，在宫廷里也有势力，毫无悬念地中了标。他们将手里的内部行情单子修订润色一番，呈上Grands Crus Classés分级排行榜，以干红闻名的酒庄共有60家上榜且分作五级。

排行榜迅速获得权威性，世人从此皆知法国人在葡萄酒上确实有一套。没了

▲ 不管是写得比较简单的"CRU CLASSÉ EN 1855（1855年的列级庄）"，还是一字不落的
"GRAND CRU CLASSÉ EN MÉDOC DE 1855（1855年的梅多克列级名庄）"，指的都是同
一张榜单。这张榜单上，红葡萄酒部分共分为五级，各自对应的酒庄也就被习称为"某级
庄"。出于各种原因，除了几家"一级庄"和"二级庄"，"1855"这个圈子里的其它列级庄
很少会在酒标上写明具体级别。想弄清排行的话，往往得自己下去做功课

Artisan和Paysan，"Cru"一词的精英色彩也越加浓厚。一些上榜酒庄甚至并不在自家名酒的招纸上写"Grand"，低调的一笔Cru Classé en 1855已经够有身份。当然，各代人做市场宣传的想法不同，比较新老年份的酒标，即可看出"列级庄"写法上微妙的变化。

格拉夫列级庄

今天我们会讲，拉菲、拉图、木桐在"波亚克产区"，玛歌庄在"玛歌产

▶20世纪初出版的《插图版纪隆德名酒》一书中的"八美图"，由波尔多明信片出版人Henry Guillier绘制。从右上角顺时针起分别为拉图庄（Château Latour）、玛歌庄（Château Margaux）、奥比昂庄（Château Haut-Brion）、欧松庄（Château Ausone）、拉菲庄（Château Lafite），五角星中心为伊甘庄（Château Yquem），左上角为"砾石区"的红百仪庄（Château Haut Bailly）与波亚克区的木桐庄（Château Mouton Rothschild）。此"八大"与我们今天的流行说法略有不同。现在国内习称的"八大酒庄"中包括白马庄（Château Cheval Blanc）与柏图斯庄（Château Pétrus——此处特别说明一点：Pétrus是Château Pétrus所产的葡萄酒的名字，其中不包括Château一词），而没有红百仪庄与伊甘庄（它以贵腐型甜白葡萄酒享誉世界，但不产红葡萄酒）。

▶格拉夫列级庄之一"克莱芒教室"。此时离"贝萨克－雷欧良（Pessac-Leognan）"法定产区成立还有将进20年光景

区"，奥比昂庄在"贝萨克—雷欧良产区"。但1855年离"法定产区"的概念出现还远得很，选出的60家酒庄中有59家姓"梅"，奥比昂庄要算是"外姓"，来自梅多克以外的格拉夫——得名于当地广布的砾石层，格拉夫即"砾石"之意。

如果酒标上写有Cru Classé，而且法定产区又是Graves或Pessac-Léognan的字样，就知这是格拉夫地区的13款"列级干红"之一。

从1953年起，INAO的评委经历6年争议，终于将"格拉夫列级酒庄"榜单定局在60年代最后一年。排名不分先后，与1855年选举的唯一关联就是奥比昂庄再次上榜。

这一回，真正算是格拉夫地区的众多邻里乡亲之间的评比，与梅多克家族再无半点关系。若提到价格，除了奥比昂庄一直高高在上，其余12家并无梅多克那般戏剧性。虽然名气、市场追捧度、产量稀缺性等有所差异，但毕竟是平级，不会有天价的超级明星。

当时的格拉夫只划出了一个同名原产区Graves AOC，内部尚无细分出更高等级。又过了30年，偏北部的Pessac与Leognan以及周围几个村镇才于1987年联名拿到村级法定产区的独立权，冠名以Pessac-Leognan。1959年上榜的所有列级庄正巧全部都位于该产区内，大家随即为新年份修改了身份证，AOC一栏变成了清一色

▲ 法定产区是Pessac-Leognan，但"列级庄"依然保留"格拉夫"的遗踪

"Appellation Pessac-Leognan Contrôlée（贝萨克—雷欧良法定产区）"。因此，60年代以前的"格拉夫列级庄"仍然带着Graves AOC的标签，而今天的"格拉夫法定产区"中却再无"列级庄"！

50年来，"拉图奥比昂（Château La Tour Haut-Brion）"从2006年起废止此酒牌，不再单独以该名产酒，而将收成都用于庄主所拥有的另一家列级庄"修道院奥比昂"的正牌与副牌。另一个重要变动在于拉威尔奥比昂酒庄（Château Laville Haut-Brion）的同名干白葡萄酒。从2009年起，酒恢复80年前的原名"修道院奥比昂（Château La Mission Haut-Brion）"。

格拉夫列级庄榜单上不过是少了一个名字而已，整体命运可说是风平浪静。其实，全地区也是一团和气，不仅绝没有梅多克的"布尔乔亚"之争，相较下面要再次谈到的圣爱米浓这个地区，那更可说是波澜不惊了。

圣爱米浓列级庄

另有一张榜单，诞生近60年已经历4次修订。这就是1955年出台的第三张列级庄名单：Saint-Emilion Grand Cru Classé。最近一次修订在2012年，也许是动静最大的一次。

上榜酒庄数量超过60家，分级方法复杂，修订次数频繁，堂上堂下纷争不断……2006年，委员会按照当初规定的10年一度重新选举，但被降级的数家势力太强，联手上告，一时风雨满楼。波尔多行政法院、法国参议员、议会等都卷入其中，前者出面决断，后者又相继对前

▲ 2012年，Château Pavie晋升至A级俱乐部

者的决议废除、修改……

圣爱米浓的榜单评选再次证明，理论总会被现实变形，人们在"规定"的10年刚过去一半的时候便再次开动了牌局。2012年9月，金钟庄（Château Angelus）和柏菲庄（Château Pavie）正式晋升至A级，将"超级精英俱乐部"扩展到四人牌局。这一次评选，共有96家酒庄提交申请，82家酒庄成功升级，12家酒庄降级或未上榜。

其中，有16家酒庄新科及第，登上"普通特级榜"；有4家"普通特级"酒庄晋至B级。从入选和晋级比例上来看，不啻为一场集体的狂欢。

▲ "圣爱米浓名庄级法定产区"在1954年才正式成立，但这款1957年份"欧松"申报使用的法定产区名号依然是"普通的圣爱米浓"，这是有多不在乎名分啊

从各方面看，圣爱米浓的榜单都比另两张单子复杂得多，还是先记取下面"基本不变"的三条吧：

圣爱米浓列级庄是从产出"圣爱米浓名庄级法定产区"的酒庄中评比产的；

圣爱米浓名庄级AOC皆是"酒庄酒"；

这张榜单由上至下分为"一等列级庄A级（Premiers Grands Crus Classés A）"、"一等列级庄B级（Premiers Grands Crus Classés B）"和不再分座次的"普通列级庄（Grand cru classé）"。

列入A等的欧松庄（Château Ausone）和白马庄（Château Cheval Blanc）两家风雨不倒，以是历史的公认，其余（理论上）每10年重新洗牌一次。

▲ 两款酒都是圣艾米浓"一等列级庄B级"，但很少有酒庄愿意标出这个"B"

普罗旺斯异数

除了波尔多，普罗旺斯也有"列级庄"！这件事的确透着怪异。虽然这个头衔里没有"Grand"一词，但"列级"还真是确有其事。

1977年，受"婆婆"INAO考察多年的Côtes de Provence（普罗旺斯丘）终于被扶正，领走了AOC头衔。但就像它的桃红葡萄酒、薰衣草和蓝色海岸一样，做"偏房"的那些年里，普罗旺斯也总有自己的方法让人记住、让人谈论。

1955年夏天，这个东南方海边的温暖产区尚偏居为VDQS（优良地区级别），西南部波尔多那边的圣爱米浓列级榜已经火热出台。谁也没想到，就在一月之后，艳阳下薰衣草的故乡也将葡萄酒弄出了大动静。农业部公布了文件，根据土地条件、酿酒水平和名气，从300多家生产Côtes de Provence的酒庄中选出23家封以Cru Classé。虽然并不见Grand一词，但毕竟有一模一样的"双C"与波尔多的两张

"55榜单"遥相呼应,激起大西洋岸边"伟大列级庄"们的愤声一片。

其实,这件事早在1895年就开始有人谋划。普罗旺斯的Var地区内某些酒庄主决定联合推广他们的葡萄园和葡萄酒。其中有Domaine,也有châteaux,不仅产干红干白,更以桃红酒闻名。经过60年才修成正果,算是圆了先人们的桃花梦。

有几家当年的"普罗旺斯丘列级庄"今天已经不复存在,只余下18家,可谓全法国的异数。当然你已经猜到,这样一张榜单,总有人想推翻、想取消、想修改、想加入……

▲ 见到Côtes de Provence,就与波尔多的那三个榜单分开了

Grand Vin:"伟大"真有原则吗?

Grand,"大""伟大"之意。

缺少法律约束,"伟大的葡萄酒"已泯然于众矣。

波尔多的木桐堡在1924年革命性地推出"酒庄装瓶"。革命之火率先在梅多克地区的名庄间蔓延起来,酒庄主们开始对"包装"大花心思。此地"大地主"聚居,动辄拥有数十万甚至上百万平方米的葡萄园,这些园中的出产不可能质量统一,想出顶级佳酿,必须挑挑拣拣。选出的头等质量的葡萄酿成正牌,余下的酿做副牌,或继续分拣,出产三军、四军酒……酒标上都是"酒庄装瓶",总得有点什么别的来区分。

正牌酒既然是老大,就得有个最响亮的名字,用酒庄名称来直接命名理所当然——所以其余的酒名中便不再有"Château"一词。但有些顶级酒庄嫌还不够。拉图堡(Château Latour)是率先在酒标上加入"Grand Vin"一词的酒庄之一。

▲ 拉图堡的副牌酒Forts de Latour并不宣称自己是"Grand Vin"　　▲ 拉图堡的"Grand Vin"名副其实

　　然而，Grand与Vin是过于通用的两个单词，其组合不可能散发着像Grand Cru那样的风土之味，也从未获得过法律的约束或保护。这样一来，"伟大"之名便渐渐涣漫朦胧起来。

　　最初，仅有波尔多的一些顶级酒庄将Grand Vin用于它们的正牌酒，但到了近年，波尔多葡萄酒行业协会允许甚至鼓励所有的酒农在所有的酒上都标上Grand Vin。这是个明智之举吗？

　　如今，只有极个别的几家梅多克名庄还坚守着最初使用"Grand Vin"一词的意义，坚守着"伟大"名分的原则。

　　根据国际葡萄酒组织（OIV）于2012年发布的《葡萄酒酒标国际标准》（*NORME INTERNATIONALE POUR L'ÉTIQUETAGE DES VINS*），包括Grand Vin、Cru、Vin Supérieur等在内的某些字眼的使用必须满足以下条件：属于AOC或受保护的地区名称标示级别，由生产国的官方机构授予，符合质量标准。而且必须是年份酒。

Cuvée：含义用法大盘点

Cuvée发音：Kü-Vei，其意思没法简单翻译。

这个词源于cuve，大酿酒罐的意思。但一款酒未必只出自一个酿酒罐，一个酿酒罐也未必只用来调一款酒，所以两个词只有词源上的关系，并没有词义上的对等。

款式与取名

"这家酒庄生产3款酒，今天展会上各自带来了2个年份的酒。那么就是6支不同的酒。"话好像说得已经够明了，不过还差一点点。

若译为英语，3个带数字的词组就是3 references、2 vintages和6 different wines。译成法语，référence多了两个重音符号，millésime和vin分别指"年份"和"葡萄酒"，也容易记忆和理解。但还有一个单词：Cuvée。它的使用频率并不比上面任何一个低。

▶ Cuvée是个典型的酿酒术语，可以把它简单地理解为"款式"

款式

简单地讲，每一支酒都是一个Cuvée。也就是说，同一Cuvée的酒有着同样的"葡萄组成"，经历了同样的酿造工艺……各种先天基因完全一样。

宽松地说，Cuvée也可理解为"款式"。比如酿酒师说："葡萄收获后，根据果实成色不同来分别酿造两'款'酒，一'款'简单易饮，另一'款'更有层次……"往往就会使用这个词。当然，你已经知道了：今年和去年的同一"款"，肯定是两个"Cuvée"。

但如果同一Cuvée不仅分不同批次装瓶，而且被赋予不同的名字，贴上不同的标，分别销往不同市场，这样的话，两瓶酒内里一样，但服装和名字却差得远，甚至有时连售价都相差悬殊，生产者知道其实是"同胞兄弟"，圈外的酒客却摸不清底细。

单讲Cuvée这个词，在开头的句子里，可以替代vin。问"有几个Cuvée供品尝？"和问"有几支不同的酒"是一个意思。

严格意义上讲，不管酒标上写没写这个字眼，只要瓶子里的东西不一样，就分属不同的"Cuvée"。同款酒的两个年份，也要算两个Cuvée。当然，这样的说法也常见："这个Cuvée有好几个年份供品尝"，意思是"这款酒"有多个年份酒。

取名

常常在一些酒标上见到Cuvée，前面或后面有其他词，这是常见的给酒取名的方法。不管其他词是什么，中文通常将Cuvée翻译成"特酿"。所以，人们往往认为带着这个字眼的就比"普通的"葡萄酒好一些。

事实上，无论Cuvée词组究竟多好听，都是一个性质：不过是老板给一支酒起的名儿而已。既然是名儿，就与质量档次没什么关系。

给酒取名，没有太多的法律规范。只要不与法定产区以及其他容易混淆视听的概念同名——比如叫Cuvée Romanée-Conti或Cuvée Lafite就不像话了。不用Cuvée这个字眼行吗？完全可以。

▲ Cuvée Spéciale（庆生特酿）

▲ "38"就是酒名

▲ 酒庄在法国大革命之前曾是修女院。这款酒用第一位庄主Jean-Baptiste Patriarche的名字来命名

▲ 用孩子的名字来命名一款酒是很常见的做法——这款酒叫作 "Jade"

◀ "餐酒"也可以做"特酿"

当一家酒庄生产好几款酒，把Cuvée用到名字里倒省了很多麻烦，就像"老大老二老三……"，代替了"老"字。另外的字眼尽可以张扬，但不用宣誓保证品质和价值。就算最晚出生的却取名"老大"，虽然怪异，但也没有法律来干涉家事。

若逢上特好年份，从所有的酿酒罐中选种，调出一款精品；或者是用了"非典型"的调配比例，与经典款区别开，取个Cuvée de Prestige（尊贵）、Cuvée Speciale（特别）的名字倒也算名副其实，译作"特酿"也无妨。估计也没人敢把酿得最烂的那支称作本尊。

按字面意思，当然应该对应产品线中高端的一款——来自某块风土尤佳的园区，精选的葡萄收成，特别用心的酿造，通常来说更久的培养时间……但实际情况是，便宜酒上也偶尔能见此语。

Réserve"特藏"了什么？

奥比昂堡（Château Haut-Brion）在19世纪末首次尝试从收成里选出最好的一批，单独酿成一款酒，起名为"Réserve"，算作该词在法国葡萄酒圈子中的源起，但并没有成为酒庄的传统。碧尚女爵堡（Château Pichon Longueville Comtesse de Lalande）也有一款创于同时代的Réserve，不过走的是副牌路线，并非来自酒庄最好的收成。

理论上，Réserve意为酒的培养时间更久，也就是发酵结束到装瓶前的这段时间，这代表着酒质更稳定，发展出更丰富的香与味。但这个"更久"到底是多久？在国家性标准缺席的情况下，参照物也仅是同酒庄的基本款罢了。

▲ 碧尚女爵堡的Réserve算作酒庄副牌

法国葡萄酒的世界中有那么多的规范，但"Réserve"一词在长时间中却自由得令人难以理解，更何况它的近邻国家早有典范在先：

在意大利，不管是哪家的Chianti Classico Riserva，肯定要比所有的Chianti Classico "好"；在西班牙，不管是哪家的Rioja Reserva，肯定要比任何Rioja "好" —— "好" 当然是指上面所讲的培养时间。西班牙的 "Reserva" 一词，意味着培养至少3年才装瓶。在之上还有一个培养至少5年才能使用的Gran Reserva。在奥地利和葡萄牙，也有类似的法律规定。

仅仅从最近几年来，由于欧盟对葡萄酒的统一规范，Réserve在法国才失去了部分自由，现在只能用于AOC级别的葡萄酒。不过，酒商的贴牌酒商标还是可以继续藐视这个入门规矩。

按今日的情况来看，一位庄家的数款作品中，若有一款带Réserve字眼，你能确信的只有一点：它不大可能是最 "入门" 级的那支。"精品" 与否，相对而言。

老藤：加V不需要认证

酒标上若有Vielles Vignes（老藤）的标注，表现此酒在同一酒庄的不同酒款中应属高端款，酒体更深浓，售价也更高。

老不老，凭自觉

Vigne是 "葡萄树" 的意思，Vielle是 "老" 的意思。在酒标上给葡萄树加V用不着认证，全凭自觉性。

葡萄寿命能过百，3岁之前的果实没有什么用。不足7年的葡萄树，果子也强不到哪里去。根深了，吸收的养分就多，在缺水的年份，年岁大

▲ 老藤别有风韵

▲ Vignes centenaires（百岁老藤）

些的葡萄树结出的果实质量大都胜一筹。假设10年前与10年后的天气条件完全相同，因为根系由浅变深，同一片葡萄园也会收获出不同的果实。

有些酒庄会单独选取果园中年岁最大的葡萄藤结的果实酿一款酒，注明Vielles Vignes。不过，对"老藤葡萄"的最低年龄并无任何法律规定。酿酒历史悠久的地区中，四五十岁的葡萄方可称为老龄；有的地区的酿酒业发展时间不长，10岁的葡萄自封为长者也无不可。在一些历史悠久的酒庄，入门款就来自50年的葡萄树，只好把加"V"的权利留给百岁老藤出的酒。

不是所有葡萄品种到了老来都能结好果，即使是同一品种，也要看具体情况。若果园地势不佳，或葡萄本身受了病、长势差，同样要拔了重新种。多了解酒庄掌故、葡萄园历史，心中才更有数。

老藤的终极敬意

神龟虽寿，犹有竟时。葡萄藤到了一定岁数就没了活力，有点像鸡肋。若能在本国或全世界都算一号，那另当别论。

法国最老的红葡萄在香槟区的伯兰爵酒厂（Bollinger），而且是19世纪中期的根瘤蚜虫病害之前的纯种，未跟美国葡萄种嫁接过，酒厂拿来单独出品"年份香槟"，自然不俗。

卢瓦河谷里有家酒庄有片白葡萄，种于1850年，至今依然产酒，位于法国最老的依然有经济意义的葡萄园之列。西南大区的圣蒙丘法定产区（Côtes-de-Saint-Mont）有一片更老一些的葡萄园，2012年被官方认定为历史文物，是获得此头衔的第一片葡萄园。特别值得一提的是，这片园子里只有600株老藤，却有21个品种，都是幸免于根瘤蚜虫病害的古老的未嫁接品种。可惜园子本身风土不佳，就连葡萄园老板自己都承认，这些老藤的果实产不出好酒，只能跟其他园子里的收成进行混调。

▼ 人们对"老藤"多生敬意。但它们结出的果实质量如何，要具体情况具体分析

不仅法国人有保护老藤葡萄的意识，澳洲的巴罗萨地区索性制定出了"巴罗萨老藤规章（Barossa Old Vine Charter）"，一些栽种于将近两百年前的西拉子葡萄因此而逃离了被拔除的命运。

　　最能倚老卖老的老藤在斯洛文尼亚的马里博尔市（Maribor）。这里有一株400多年前种下的葡萄。虽然若按现代的葡萄分类学，要算食用品种，但它的名气与酒质早就没了太大关系。它尽管离不开所依附攀援的墙壁，但简直就像一棵二维的大树那样霸气十足，不仅每年游客如云，甚至所有的欧洲国家都派过代表前来参观。现在每年只产40~50公斤果实，酿成酒，装在250毫升装的小瓶里，统共也就100多瓶，只送给贵客，比如克林顿就曾受赠过。

　　如果想对葡萄老藤致以终极敬意，意大利的南蒂罗尔（Sud-Tyrol）就值得去转一圈，在一个名叫Castel Katzenzungen 的古老城堡里，有棵栽种于14世纪的葡萄树，枝叶覆盖面积达到——350平方米。

正副牌：红酒世界牌局多

　　如果常喝波尔多名庄，一定会留意到一个现象：名庄们几乎都有所谓"正牌"和"副牌"酒之分。它们之间的区别只在于质量吗？

副牌酒的老祖宗

　　罗斯柴尔德木桐堡（Château Mouton Rothschild）不仅是"酒庄装瓶"的先驱，而且是"酒庄副牌酒"和"酒商贴牌酒"的老祖宗，通过它的一段历史来回顾正副牌的发展脉络，最好不过。

　　1927年是波尔多葡萄酒很糟糕的一个年份。木桐堡没有生产一瓶Château Mouton Rothschild，而是用了一个新的酒标：Carruades de Mouton Rothschild——名字来源于一片生长在Carruades小山丘上的葡萄园。这大概是历史上最早的酒庄因为原料不达标而将一年的全部产出都进行换牌、降价出售的举措。

当时的木桐堡其实并不真正产出副牌酒，1927年份仅是个特例而已，而且也并未明确宣布此为"木桐堡副牌"。之后，木桐便决定将Carruades这个名字"留给"邻居拉菲的副牌了。

木桐堡的老板在Pauillac产区里还拥有一家叫作达玛雅克堡（Château d'Armailhacq，后来更名为Château d'Armailhac）的酒庄。1930年收成之后，酿造总管决定将两处的收成进行筛选，把质量逊色些的那些单独酿造，推出了一个售价便宜的新酒牌Mouton Cadet。因为酿酒成色毕竟有距离，降级为比Pauillac低一等的Médoc。

在接下来的几年里，这款新酒卖得相当好。公司看到了新的业务拓展方向，开始用这个牌子来发展更多的、售价更大众的中低价位贴牌酒。1945年起，木桐堡老板所拥有的酒商公司将原料采购范围拓展到整个波尔多的葡萄园，"嘉棣"完全失去"小弟"特征，成为纯粹地道的"酒商酒"。

后来，领导人意识到仍然需要一个真正的二军酒牌，但再把Mouton

▲ 这个酒标在木桐堡的历史中绝无仅有地只出现过这么一次

▲ 最初的"木桐嘉棣"其实是混调两家列级庄的葡萄原料酿成。不过，因为原料来自两处，所以不能算"酒庄装瓶"

Cadet扶正从各方面讲都显然行不通，于是Le Petit Mouton de Mouton Rothschild（罗斯柴尔德小木桐）正式出场了，随木桐堡走名庄高层路线。

虽然二者的市场策略完全不同，但因为"嘉棣"（大约20年前进入中国市场时，由人民文学出版社的胡允桓教授音译结合译为"木桐嘉棣"）出道早，尽管一直在走品牌酒、大众酒的路线，人们仍时有混淆，错把它当成"便宜的木桐"或木桐副牌，殊不知绝大部分原料都是外购而来，和"拉菲传奇"是一样的身份。而小木桐与正牌木桐堡都是来自酒庄自有葡萄园，酿造和培养的工艺也与老大相似。

▲ 今天的副牌"小木桐"。酒标创意未改，只是改了名

怎么出牌？

正副牌的概念并非由木桐堡首创，和"Château"一样，也是波尔多列级庄搞出的名堂。最早的要算碧尚女爵庄在19世纪末期为莫斯科展会专门调配的一批"Réserve"，以及玛歌堡在20世纪初最后定名的红亭（Pavillon Rouge）等。

长时间内，副牌并没有成为一个"现象"。从20世纪80年代起，国外对部分列级庄需求强烈，价格狂飙，

▲ "嘉棣"早就变成了贴牌酒的名字，也早已换了标，和酒庄酒界限分明

▲ 两家酒庄，各自的老大和老二之间是不是很有兄弟相？

副牌开始成为一种战略。"八大"里的"柏翠庄"是个特例，它从不生产副牌酒。如果某年年景差，原料索性统统卖掉，并不留着做"小"。但放眼梅多克、格拉夫、圣爱米浓、波美侯这些名庄云集处，副牌遍地开花。

second vin如今早已不是名庄和名区的专利，甚至法国南部地区也开始出现波尔多意义上的副牌酒。哪家酒庄都有逊色些的地块，年景更是影响质量的重要因素。拔了原来的葡萄重新栽种也很常见，但年轻葡萄就结不出太好的果实。还有葡萄品种本身的特质，比如梅鹿辄偏"肉感"而少骨架，在梅多克名酒中要限制比例。酿酒间里也会有失手，不是罐罐皆精品……不够正牌标准的基酒，作为散酒卖给酒商是一条出路，但继续筛选调配一番，以副牌形象推出，各方面来看都更有利。

酒庄做副牌的一部分好处包括：正牌产量减少，质量提高，更有利于提升价格和形象，副牌也能搭上正牌名气和售价的顺风车；如果某年年景惨淡，酒庄可以停产正牌、只做副牌，总比卖葡萄原料或散酒给酒商有得赚。

我们买副牌的好处就要看各自的需求了。很多人认为副牌都具有正牌酒的风格特点，能用较便宜的价格买到"名庄"，产量比正牌大因此更容易买到，等等，其实并不尽然。做副牌是战略，但具体的战术怎么打、副牌怎么做、跟正牌老大有多少相似性、含金量有多少，每一家都有自己的决断。

有的酿酒师认为，副牌酒应该是小一号的正牌，余味短些，少些丰厚内涵，但具有同样风格特征；有些酒庄不喜欢讲"副牌不如正牌"，而是强调"二者不同"，强调"它们提供不一样的饮酒之乐"；有的酒庄干脆不承认副牌，只说其中一款追求复杂和深度，而另一款果味更突出、酸度低些、单宁柔顺些，不必等十年八年就能入口——虽然正副牌的酒标可能全然是一个风格……

正、副牌怎么出，酒庄的战术可以表现在如下方面：

葡萄来源

有些酒庄根据地块、葡萄年龄来选择副牌的原料来源。

有些酒庄有专用的"副牌"园区，收成从来不进正牌。并非因为地理条件不好，而是因为别具风土特征，单酿一款反而出彩；有的酒庄并购了别家酒庄，会从新入住的葡萄园中根据风土条件、葡萄年龄或其他标准选择某些地块的收成，专门用于副牌。

基酒来源

有些酒庄在葡萄收获时便根据质量分出高下，决定了各罐基酒的正副身份；有些酒庄并不根据葡萄原料质量先入为主，等到各罐基酒都酿成，再决定正副的调配方法，换句话说，就是大家机会平等。

混调比例

因为每种葡萄都有自己偏爱的气候条件，有的酿酒师愿意根据年份条件来调节葡萄种类的混调比例。比如遇上梅鹿辄长得出色的年份，酿酒师便加大使用尺度；有些梅多克酒庄就是喜欢在正牌中使用高比例的赤霞珠，而在副牌中慷慨调入其他品种。这样，二者差距就更大了。"早熟、更柔和易饮"已经不是特定年份的副牌风格，而成了普遍特征。

产量高低

有些酒庄应用最市场化的正副牌战略，超过一半的产量都是副牌以及可以"速食"的三、四军酒；有些酒庄的哲学思想是：副牌产量不能太高，因为目前产副牌的主要原因是有些葡萄还太年轻，等过些年，根扎得够深了，就用来酿正牌。酒庄的最终目的是所有葡萄收成都能达到正牌水准，否则不如把地卖掉；还有极少数天才酿酒师不满足"好的提正、差的做副"，但求拿副牌"玩"出另一风格，并不凭产量大来占市场份额。副牌如此精益求精，售价也几乎与正牌不分上下，真正在市场上被当作"老二"看待的只是"三军酒"……

梅多克有一家"四级庄"庄主曾诗意地总结了他家的正副牌的关系：《庄严弥撒》与《月光奏鸣曲》，难道不都是贝多芬的作品！能把两款都做成名家，这是太理想、太完美的情况。市场上的副牌酒，能到达此标准的有多少？除了价格比正牌便宜，唯一可以确认的是，副牌的陈年能力相对小些，更早进入适饮期。至于风格、性价比……那真要一家家考量才能把话说公道。

副牌酒源起于波尔多，实行该战略者也一直以此地为众。其他地区虽然也有效仿者，但各地、各家更有自己因地制宜的产酒模式。有些酒庄产酒款式众多，干红干白甜白桃红加气泡，各款之间却并不形成"正副"关系；如果产量本来就小，做副牌更没有太大意义。

Lafite：拉菲也分"农"与"商"

在中国，拉菲大概是除了LV之外最出名的两个音节。坊间编出了它同村的兄弟辈分，以及河对岸的、出了省的，甚至远在南美的表弟表妹嫡系远房等关系。

分析一下它们之间的关系，就能串起"酒商""酒商酒""酒庄""酒庄酒""品牌""贴牌"等一系列概念……

庄主还是老板

罗斯柴尔德拉菲酒庄是如今的罗斯柴尔德男爵（拉菲）酒业公司——简称DBR（Lafite）——的缘起。二者全称分别为：Château Lafite Rothschild和Domaines Barons de Rothschild（Lafite）。

前者是所谓"大小拉菲"红酒的酒庄主，出身为"农"；后者是前者的大老板，性质为"商"。

拉菲"酒庄酒"

还记得"Grand Vin"一节中提到酒庄通常都用自己的名字给老大——正牌酒——起名？拉菲酒庄也是一样。

Château Lafite Rothschild，不多一字，不少一字，这就是"大拉菲红酒"的大名，音意结合翻译为"罗斯柴尔德拉菲堡红酒"。

名称里的历史

"罗斯柴尔德拉菲酒庄"与"罗斯柴尔德男爵（拉菲）酒业公司"都有Rothschild和Lafite这两个词。

这姓罗斯柴尔德的犹太裔家族枝叶繁茂，在英美法多国都有财团势力，且有贵族头衔。1868年8月8日，男爵James de Rothschild从拍卖会上拿下Château Lafite，拉菲自此改姓罗，直至今天。

小时候听过故事，讲有个人家兄弟众多，为了教育儿子们团结力量大的道理，老爹拿来一捆柴，教每人都拿起一根来掰，一根当然一撅就断。老爹又把一捆柴拢起，再让几个兄弟分别掰，就无人能掰断了。

多子多孙的老罗家也有类似版本，不过是把木柴换成了箭——就是那著名的"五支箭"，象征着Rothschild帝国奠基人的五个儿子所各自传承的支系。

"拉菲家族"？

　　法国支系的詹姆斯男爵买下拉菲堡，仅是个开头，后代们又陆续收购酒庄，本村、外村，过了河，跨了省，后来直接跨到南半球的智利，阿根廷，势力版图不断扩大，他们联手成立了酒业公司，迄今为止，不仅在国内外拥有将近10家酒庄，而且推出好几个系列的贴牌酒，注册商标名称里都包括"Lafite"一词。

　　至于集团里的那些产"酒庄酒"的乐王吉堡、卡瑟天堂堡、奥斯叶堡、皮耶勒堡……也都是像拉菲堡一样陆续收购来的。因此，若说被"拉菲家族"购下，这有点不分主从，明明"罗斯柴尔德"才是家族姓氏。但"拉菲"现在既已成了"品牌"，此说似乎也可以接受。

传说的系列

　　DBR是酒商集团，有权利买卖其他酒庄的出产，也有权利自己注册商标、收购散酒、做一些必要的混调与培养工作后装瓶，再贴牌出售。拉菲传奇、拉菲传说、拉菲珍藏……就是将"Lafite"放在不同商标名称中注册后而诞生的不同"酒商酒"系列，它们的原料来源广、产量高、价格平易。

当年不"做小"

　　Pauillac（波亚克）是拉菲堡所在的村子。法定产区Pauillac就是取自这个村的名字。这个村风水很好，结的葡萄特别棒，是波尔多明星酒庄的大本营之一，拉菲堡就在其中占了一大

▲ "拉菲传说"（上）"拉菲传奇"（下）……"Lafite"一词完成了从单纯的酒庄名到品牌名的蜕化史

块好地。詹姆斯爵爷参加拍卖会之前一个半世纪中，拉菲堡出产的红酒已经在法国王宫、英国皇室、美国总统府呼风唤雨。

别忘了，那个年代距离"酒庄装瓶"的诞生还差着200年，市场主要攥在酒商手中。酒商们自然是极精明又极能干的葡萄酒鉴赏家，收购来的大部分酒都混调出售，因为叫卖"原产地"并无太大效果，而极少的那部分精品就得反其道而行。"正副牌"的打法，是在酒庄开始独立装瓶、独立销售之后才琢磨出来的市场策略，并非酒商的生意经。当年的"拉菲堡"也许曾被酒商在散酒中掺假、当作正宗拉菲卖给某些未必那么识货的绅士贵妇，但"大拉小拉小小拉"……这些是非与真假在那时是不存在的。

拉菲堡旁边的一座小山丘上有几片地，1845年被拉菲堡当时的主人买了下来。又过了二十几年，当詹姆斯爵爷拍下拉菲堡时，这几片地也就改姓了罗。

▲ 1990年，乐王吉酒庄（Château l'Évangile）才被罗斯柴尔德拉菲集团买下，当时还没有"五箭"商标

虽然归入了罗家产业，这几块葡萄园依旧很独立，单独采收、单独酿酒、单独销售，显示不出与拉菲堡或老罗家的任何关联。被收编成为"拉菲堡红酒"的副牌，那是很久之后的事情。

这片小山丘有个名字：Carruades。按"地名+特征建筑物"的传统取名方法，便有了"卡许阿德磨坊（Moulin de Carruades）"的新称谓。又过了一些年，才把"磨坊"撤下，改名为Carruades du Château de Lafite，从采收到酿造都与老大更加贴近，兄弟气质方才显现出来（今天，Carruades Lafite的官方译名为"拉菲珍宝"，正牌名为"拉菲古堡"）。

▲ Carruades 的拉菲副牌气质是慢慢才显现出来的

▲ Château Duhart Milon的老酒标——当年DBR
（Lafite）集团还没成立，酒标上也见不到Lafite字眼

大小差着分量

　　"大小拉菲"是弟兄俩的昵称，从"个头"上看，倒也确实差着分量。收来葡萄后，选最好的来酿拉菲古堡。筛选剩下来的，以及后来栽种的比较年轻的，质量逊色些，从中再去粗选精，酿成小拉菲。

　　从葡萄品种来看，梅鹿辄更多些，酒也就更柔顺些，没有大拉菲那么坚实、男性特征十足。新年份大拉菲统统进入百分百新桶，至少养上一年半才入瓶。而"小的"要动用一部分曾经装过老大的旧桶，养的时间也缩短些，木味淡一些。

真有"最小的拉菲"？

　　拉菲堡红酒的兄弟关系仅限于正副牌"大小拉菲"之间。但是，继Carruades de Lafite被酒客设计出"小名儿"之后，酒标风格图案和兄弟俩最相像的杜哈米雍堡

▲ 单立门户的一位"罗斯柴尔德男爵"，
与"拉菲"无关

▲ "五箭"是罗家的标志，未必总是跟
"Lafite"扯上关系

也被冠以"小小拉菲"，这可纯属中文的文字游戏。Château Duhart Milon在20世纪中期才进入罗斯柴尔德家族麾下，血缘与拉菲堡毫无关系。

"右岸小拉菲"？

DBR中的Barons为复数，说明集团股东中有超过一名老罗家的"男爵"。

詹姆斯爵爷的曾孙爱德蒙当年自立门户，成立了罗斯柴尔德爱德蒙男爵葡萄酒公司（Baron Edmond de Rothschild）。爱德蒙仙逝多年，现在公司由儿子本杰明管理，他在DBR集团属下的一个酒庄皮耶勒堡里拥有股份。

本杰明还于2003年买下了位于波尔多右岸的Château des Laurets（有人译为劳蕾斯堡），但这家酒庄跟"lafite"干系全无，销售也不走DBR公司的渠道。"右岸小拉菲"的称法纯属"拉郎配"。

"傍拉菲的主儿"？

有种说法是，判断拉菲真假，要数酒名中有几个f、几个t，有一个f一个t的才是真拉菲。按这个判断法，其他都是冒牌的"假拉菲"。

其实，这些都是在波尔多叫了至少100年

的老字号，如今却被当作假货打——也许也有个别人家暗自庆幸？

　　有家酒庄1763年被一位姓Lafitte的酒商买下，从此改名Château Lafitte。后来换了主人，老实本分地生产"波尔多首丘AOC"，与老罗家或Pauillac产区毫无半点瓜葛。但自从拉菲扬名，它在国内的销路也一下大好，以至于拉菲集团还与它打了很久的官司，试图阻止它在中国国内注册"Château Lafitte"的商标。

▲ 这都是在波尔多叫了至少100年的老字号。名字相似的酒庄多了去了。

▲ 法国超市Auchan里卖的一款"拉菲蒙特耶"。酒庄源起要追溯到1890年，是由埃菲尔铁塔的建筑师Gustave Eiffel创立的

▲ 这家酒庄实在是有个好名字

▲Madiran法定产区的Château
Laffitte Testion。名字中带
"Lafite"或相似字眼的酒庄
大多集中在法国西南部

▲日朗松产区的这家Château Lafitte只产白葡萄酒

拉菲的阴差阳错

　　拉菲堡的"Lafite"一名实际上从比利牛斯地区方言中的"Lahite"传来，意为"小山丘"。比利牛斯山脚下有个日朗松产区（Jurançon），里边也有一家Château Lafitte，估计与"正牌拉菲"的名字起源一致，只是当年阴差阳错地多了个t，否则今天可以名正言顺地继续叫Lafite，连傍都不用傍。只是这一家不产干红，没有大红大紫。若被哪位国内大亨看上，估计也能将它的"拉菲干白""拉菲甜白酒"卖出好价来。

▲ 摄影作品《内在的微笑》(*Sourire de l'Intérieur*),
   入选2015年第10届葡萄与葡萄酒国际摄影展
   (Terroirs d'Images)百幅佳作
   新酒酿成后,液体部分与皮渣分离,移入其他容器进
   行培养。留在大酒桶中的皮渣清理工作,在很多酒庄
   里依然需要人力完成

▲ 摄影作品《倾听你的秘密》（À l'Écoute de Ton Secret），入选2017年第12届葡萄与葡萄酒国际摄影展（Terroirs d'Images）百幅佳作。

小像木桶不仅是培养新酒的容器，有时候，酒庄也会选择直接在小木桶中做酒精发酵或者苹果酸－乳酸发酵，发酵过程中产生气泡的声音，将耳朵贴在桶壁上就可以清晰地听到。